北京服装学院
设计学论丛

丛书主编　贾荣林

U0747334

纺织品设计
思维与方法

FANGZHIPIN
SHEJI SIWEI YU FANGFA

王　阳　田　园　梁之茵◎著

中国纺织出版社有限公司

内 容 提 要

本书通过"纺织品设计的概念—思维方式—设计方法—作品案例"的阐述路径，以纺织品的用途为引入点，分门别类地介绍了纺织品设计、未来纺织品发展趋势等领域的研究。

本书共分四章，论述了纺织品设计的思维与方法，分析了当代纺织品设计的发展趋势，拓宽了纺织品设计的学科领域，融入了新型纺织品设计的科技手段，并且通过设计实践案例，展示了纺织品设计的基本过程。

本书适合高校服装专业、纺织品和染织设计专业的师生学习参考，同时也适合对纺织品设计感兴趣的爱好者阅读。

图书在版编目（CIP）数据

纺织品设计思维与方法 / 王阳，田园，梁之茵著
. -- 北京：中国纺织出版社有限公司，2022.12
（北京服装学院设计学论丛 / 贾荣林主编）
ISBN 978-7-5229-0280-7

Ⅰ . ①纺…　Ⅱ . ①王…　②田…　③梁…　Ⅲ . ①纺织品－设计　Ⅳ . ① TS105.1

中国版本图书馆 CIP 数据核字（2022）第 247487 号

责任编辑：华长印　刘美汝　　特约编辑：许润田
责任校对：江思飞　　　　　　责任印制：王艳丽

中国纺织出版社有限公司出版发行
地址：北京市朝阳区百子湾东里 A407 号楼　邮政编码：100124
销售电话：010—67004422　传真：010—87155801
http://www.c-textilep.com
中国纺织出版社天猫旗舰店
官方微博 http://weibo.com/2119887771
北京华联印刷有限公司印刷　各地新华书店经销
2022 年 12 月第 1 版第 1 次印刷
开本：710×1000　1/16　印张：13.5
字数：160 千字　定价：98.00 元

北京服装学院设计学论丛编委会

北京服装学院设计学论丛总序

北京服装学院建校于1959年，前身为北京纺织工学院，1961年更名为北京化学纤维工学院。1987年改扩建为北京服装学院，为顺应时代发展要求，北京服装学院以设计学为龙头，逐步形成了"以艺为主、服装引领、艺工融合"的办学特色，在服装服饰设计、新材料研发、高性能研发及产品与数字媒体设计等领域具有独特的办学优势。北京服装学院现设有服装艺术与工程学院、服饰艺术与工程学院、材料设计与工程学院、艺术设计学院、时尚传播学院、商学院、美术学院、文理学院八个学院。自建校以来设计学科屡获殊荣，在教育部第五轮学科评估中获评A−，在2022年QS世界大学艺术设计学科排名中，北京服装学院跻身中国14所院校上榜之列；在全球知名商业杂志CEOWORLD发布的2020年全球最佳时尚学院排名榜中，我校排名中国第一。

此次出版的北京服装学院设计学论丛，整合了我校各二级学院的设计优势资源，汇聚了学院最新的设计学研究成果，涉及服装史、服装产业、服装设计、纺织品设计、刺绣设计、首饰设计、箱包设计、数字设计等领域，包含了九本设计学论著，较为全面地展现了北京服装学院的设计学研究水平。

本套丛书立足全球化视野和中国文化传承创新的探索，发挥北京服装学院"艺工融合"的办学特色与教学研究团队的学术优势，突出多学科交叉的研究基础，探求前瞻性见解与开创性设计路径，着眼于设计研究的学术价值与社会价值。研究主题涵括了理论研究、应用研究和实践探索，维度涉足设计史历程与当代设计发展趋势，以及教育、产业、社会、文化等多方位。

北京服装学院设计学论丛的读者对象以设计研究者、从业者、教育者、学习者、爱好者为主。研究团队皆具有多年一线授课经历，积累了大量教学经验，丛书著作结合大量设计案例、教学案例，剖析设计理论，力争图文并茂、深入浅出。因而此套丛书不仅是设计学科研究成果的交流，还呈现了团队成员的教学成果。

北京服装学院设计学论丛是北京服装学院设计学科的阶段性研究成果，其中尚有缺憾和不足，还需同行和广大读者指正，我们期冀在今后学科建设和团队提升的发展进程中，不断推介出更新更优的学术成果，为推进中国设计教育、设计产业发展，适应新时代、新要求添砖加瓦。

贾荣林

2022年3月

前言

　　纺织品设计是一门非常受欢迎的、国际化的设计门类，它包含的领域广泛，工艺多元，是我们学习和生活中不可或缺的专业门类。是集科技、艺术、设计、时尚、应用于一身的特色交叉学科。

　　本书的亮点是在新科技快速发展的时代背景下重新定义纺织品设计概念。以引导创新思维与方法的能力为主，通过设计案例中理论和实践成果的结合，启发读者对未来相关行业发展的设计思考。本书强调设计的"宽度""广度""深度"和"精度"，拓宽纺织品设计相关的知识领域，通过设计实训、材料研究、工艺习得、传承创新、展示传播等内容，将"文化创意—传统纺织—艺术设计—智能科技"有机地结合。

　　本团队的三位作者王阳、田园和梁之茵老师通过对各自专业领域的深入挖掘和思索，撰写《纺织品设计思维与方法》一书，书中内容涉及服装、服饰、家纺、家居，以及未来高科技纺织品发展趋势等领域的研究和案例分享。供纺织品设计的爱好者及学生学习、参考。另外，书中仍有不足之处，还望广大读者批评指正。

王阳

2022年5月

目 录

1 第一章
纺织品设计

2 第二章
纺织品设计的思维

3 第三章
纺织品设计的方法

4

第四章

纺织品设计案例

纺织品设计

第一章

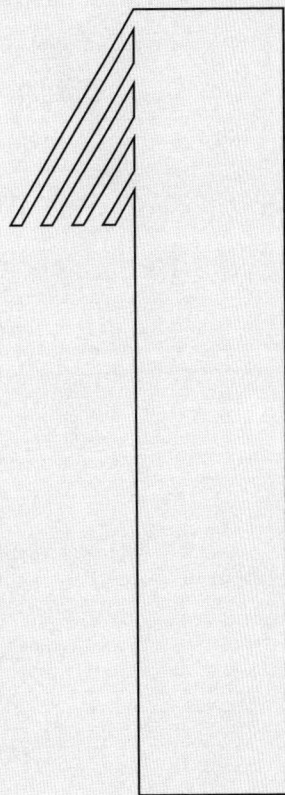

第一节
纺织品设计的概念

　　本章试图通过不同维度对纺织品设计的概念进行梳理，更为全面和动态地揭示这一创意学科的整体样貌，向读者展示纺织品作为一种设计媒介，如何发挥个人创作兴趣、开展实践。在这一节中，将与大家讨论什么是纺织品设计。或者说适用于现在，甚至是未来的纺织品设计师都在做什么。提到纺织品设计，你的脑中会浮现哪些场景？是我们身上穿的衣服、戴的丝巾，还是家里的窗帘或者床上用品？抑或是酒店的地毯，火车或者飞机上的座椅？当然这些都是纺织品，也都属于纺织品设计范畴。纺织品设计的流程和方法与很多创意设计学科皆有重合之处，比如服装设计、家居和空间设计、产品设计、配饰设计等。但在纺织品设计的语境下开展创意活动时，设计师们还是会展现出对周围世界观察和探索的独特视角。

一、纺织品设计的工艺技术分类

　　在织物上创造吸引人的设计是装饰艺术最持久和最实用的方面之一。具有迷人设计的面料或材料已成为生活中不可或缺的一部分。纺织品设计是一门为针织物、机织物和非织造织物设计的艺术，也包括织物上的装饰设计。纺织品设计涉及织物的表面设计和结构设计，需要创作者对纱线、织造、染色和其他整理工艺有充分的了解。在纺织品设计中，创造引人注目的设计是一个复杂且具有较高要求的过程。创作者需要对纺织品制造、市场需求和当前趋势的各个方面有深刻了解。

　　一般来说，纺织品设计是指用针织、机织、印染和刺绣（或称为混合材料）这四种工艺进行的创意设计过程。

1. 针织工艺

　　针织工艺主要是指通过弯曲纱线形成连续线圈，再将这些线圈相互穿套而形成织物的工艺形式。图1-1来自一名学生的速写本，展现了该名同学如

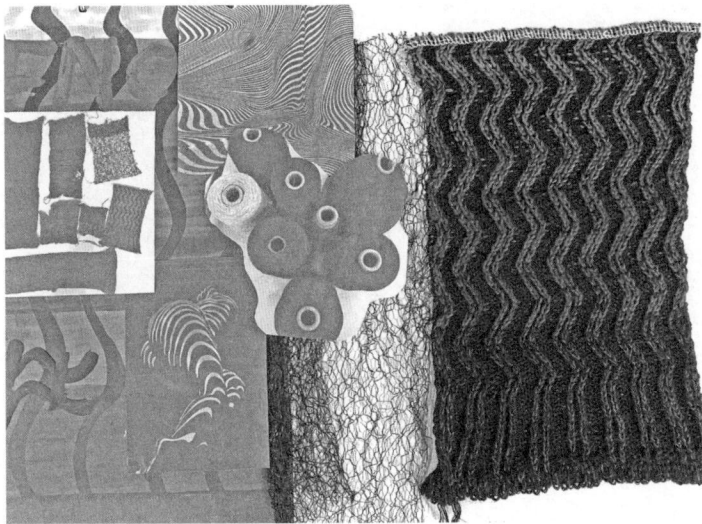

图1-1 针织工艺发展及试验，卢一诺，2020年

何利用针织工艺与材料、颜色的组合对其灵感来源进行解读。他通过混合媒介的绘制，对二手视觉素材进行元素提取，得到针织样片的图形样式、工艺和材料选择及配色。

2. 机织工艺

机织工艺则是通过无数的经纱和纬纱在织布机上横竖交错形成织物的工艺。

3. 印染工艺

印染工艺中包含了印花和染色两大类工艺形式，是通过温度、压力或化学作用，使织物的表面或纤维内部形成新的颜色、图形或符号的工艺。图1-2所展现的一系列样片主要利用了直染、蒙版印和丝网印的工艺形式，营造出一种手作的质朴感和粗糙感。在这一系列的样片中，学生尝试了将同一图形元素的颜色搭配、比例大小和组合形式进行改变，从而使织品变化发展的过程。

4. 刺绣

刺绣或称为混合材料的工艺形式范围十分广泛，其中主要包括装饰（embellish）、改造（manipulate）、塑形（shape）、组合/组装（join/assemble）、针迹（stitch）、符号标记（mark make）、构建（construct）等。图1-3展现的一系列刺绣样片，将印花工艺与刺绣工艺相结合，为较为平面的图案增加了层次和肌理。同时，在一个时尚纺织品设计项目中考虑了不同

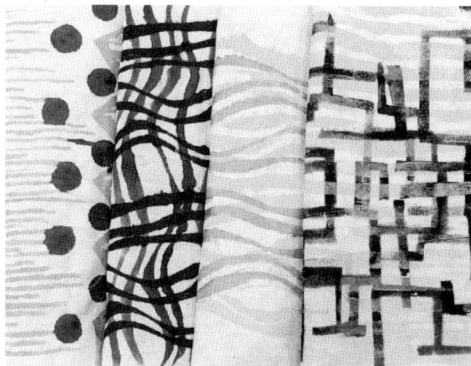

图1-2 手工印染工艺样片系列，刘星语，2019年　　图1-3 混合材料工艺样片系列，姜怡秀，2022年

厚度织物的组合，为不同款式的服装提供材料参考，形成了系列感的纺织品样片设计。

从事纺织品设计的设计师们需要掌握并专注于以上提到的一种或几种工艺类型，着重提高自身在该领域的专业知识，形成独特风格和专业能力。每一项不同的工艺技术会引导设计师们探索不同类型的技术知识、设备和材料。比如，印染设计师需要将工作的重点放在织物表面，同时具备一定的化学常识；针织和机织的设计师则需要掌握不同的专业设备，其工作重点在于纤维及纤维的形成结构；混合材料设计师需要利用特有的工艺技术将针织、机织或印花织物混合使用，从而达到与众不同的设计效果。但不论在何种工艺分类之中，作为纺织品设计师，都需要具备依据材料和工艺特性进行设计创作的能力。

《纺织之书》（the Textile Book）中，作者谈道："在考虑什么是纺织品时，我们必须记住，织物的起源早于我们有记载的历史，早于金属时代和车轮的发明。织物是随着人类文明的进程一同发展的，它体现着每种文化间不同的差异，也是在我们的生活中对个人和家庭的一种慰藉。我们每一个人从出生到死亡都与纺织品有着各种各样的联系。它承载着人类的发展……纺织品包括艺术与科学、工艺、技术与设计、工业、历史、文化和政治。"❶ 正如作者所说，纺织活动是一种非常古老的，体现人类利用自然、改造自然的创意行为。"人类的创造力是通过纺织行为获得的……纺织是通过一定的人工秩序将自然物质巧妙地组合在一起，以满足人类需求的技术，这种交织的结构并

❶ Gale Colin, Kaur Jasbir. The Textile Book[M]. Oxford: Berg, 2002:3.

非是对自然现象的模仿，而是富有创造性的。"❶ 在为纺织品设计设定框架的时候，除了工艺、技术的层面，还需要考虑其文化和历史的脉络，以及纺织品与人类身体和精神之间的互动关系。我们可以回顾自己的成长或环顾四周，是否充斥着有关织物和纤维的记忆？想象一下，人类是否可以生活在一个没有纺织品的世界中呢？

二、纺织品设计的感官体验

如果从人的体验角度来观看纺织品设计，则会发现它可以被称作一种运用材料和工艺的组合去表达或营造感觉的设计形式，是一种对于感官的宏观设计。显而易见，最重要的是视觉和触觉感受。视觉上，纺织品设计师们通过不同颜色的比例调整和色彩搭配，营造不同的主题氛围，调节温度感受和季节感受，改变原本材料的体积感和重量感。图1-4来自一位学生的作品集《图腾新生》，该同学从颜色的灵感来源图中提取了七个符合主题氛围

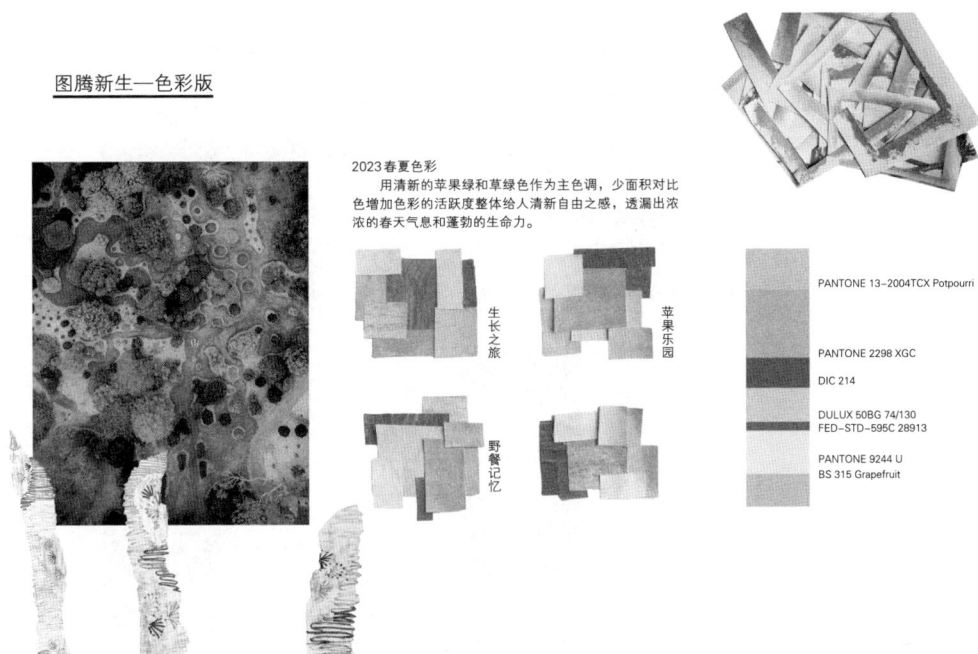

图腾新生—色彩版

2023春夏色彩
用清新的苹果绿和草绿色作为主色调，少面积对比色增加色彩的活跃度整体给人清新自由之感，透漏出浓浓的春天气息和蓬勃的生命力。

生长之旅　苹果乐园

野餐记忆

PANTONE 13-2004TCX Potpourri

PANTONE 2298 XGC

DIC 214

DULUX 50BG 74/130
FED-STD-595C 28913

PANTONE 9244 U
BS 315 Grapefruit

图1-4　图腾新生，闫佳昱，颜色版，2022年

❶ 刘佳婧.纺织女、母亲、女神——纤维艺术与女性神话研究[M].北京：中国文联出版社，2019：4.

的颜色，并尝试探索和定义不同的颜色比例、搭配方式所营造出的不同气氛（参见附录彩图1）。用颜色讲述故事，对颜色趋势的调研和定义都是纺织品设计师需要具备的能力。

　　纺织品的设计者们还可以通过不同的图形、符号和纹样的变化，让观者感受到历史的厚重、时代的变迁、思想或形式的碰撞。图1-5的作品《谐振》（RESONANCE）展现了现代科技下，与众不同的图案生成方式。作者受到物理学家恩斯特·克拉德尼（Ernst Chladni）实验的启发，利用一块较宽

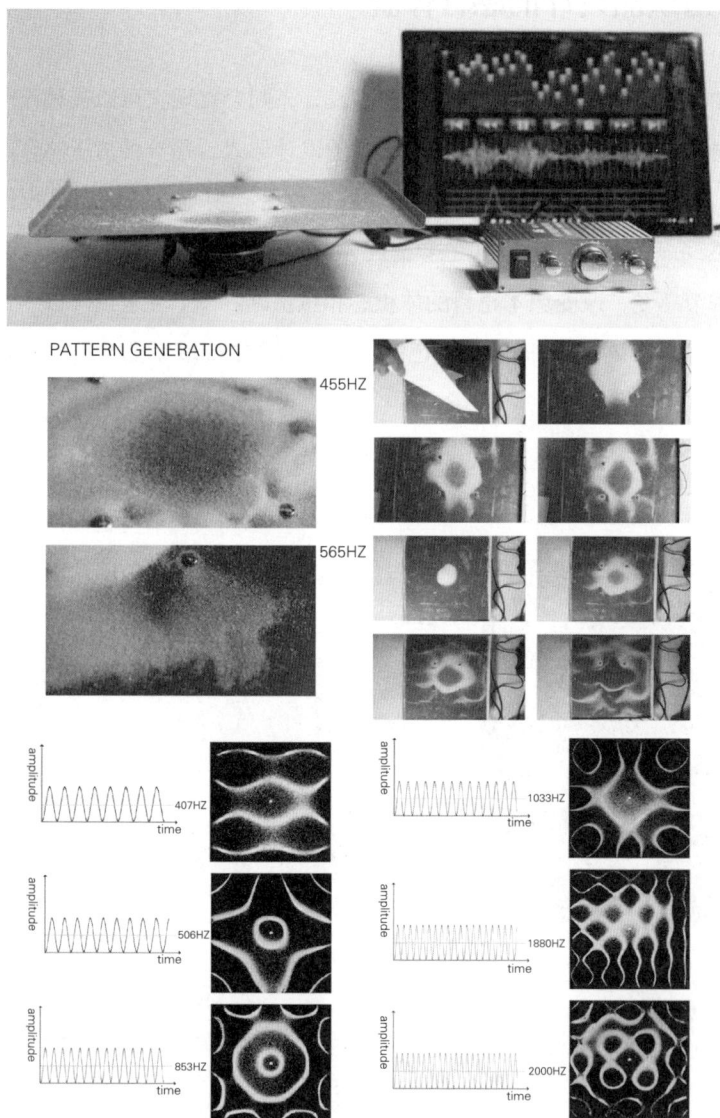

图1-5　谐振，许正晖，时尚图形设计，2020年

的金属薄片，在上面均匀地撒上沙子，然后用声音捕捉器，将不同赫兹的音频通过金属薄片下方安装的喇叭输出展现，喇叭的振动将这些细沙自动排列成不同的美丽图案。作者再将这些单元图案通过 AI（Adobe Illustrator）进行整理、组合，最终形成服装上可以被使用的设计图案。

触觉上，设计师们可以巧妙地利用不同材料与工艺的结合，唤起人们一段温暖的记忆，或是打造出视觉与触觉之间令人意想不到的有趣体验。图1-6中所展现的项目旨在利用传统工艺、材料与新材料相结合，挑战人们对传统针织面料的固有印象。材料上尝试将天然传统材料，如羊毛纱线与树脂等较有现代感的材料进行结合，产生一种对比的碰撞感。通过手工针织出立体的结构，最后呈现出的效果跟一般观念中柔软、温暖的针织效果非常不同，是十分硬挺有型的。正是这些新材料的加入拓展了针织的应用领域，同时，从它们身上可以看到熟悉的、传统的纺织工艺的影子，比如编结针织，但这些织片所展现出来的特性又极具挑战力。

当然，对于感官的设计绝不仅限于此，设计师们还可以将听觉、嗅觉和味觉的不同体验也考虑进来，比如将色彩、图案与音乐结合，让人产生奇妙的联觉体验。如图1-7所示的《儿童智能亲子交互地毯》项目，该作品在传统戳绣制毯工艺上搭建了可交互的Ardunio系统，利用颜色识别传感器捕捉周围色彩，同时通过音响输出对应声音。凭借纺织品独特的优势，让儿童在亲子互动过程中达成触觉、视觉和听觉的综合培养。利用带有特殊气味的植物进行草木染，使织物除了产生颜色和图形上的变化，还兼具嗅觉

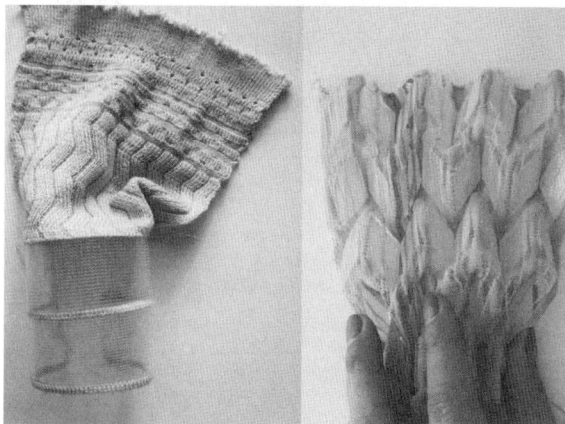

图1-6　工匠精神，田园，针织样片试验，2015年

图1-7　儿童智能亲子交互地毯，
闫佳昱、赵念慈、于依白、丁洵，智能家纺，
戳绣工艺、Arduino交互系统，2021年

故事。如图1-8的《青年模式》（YOUTH MODE）女装系列采用天然真丝面料，通过天然植物草本染料手工煮染而成。除了对颜色的考量，植物染料的选择也考虑了气味因素。通过对20多种植物组合试验，最终确定金茶色调，其中几种红茶的添加使面料自带茶香，具有安心舒适的效果，希望为穿着者建立起触觉、视觉与嗅觉的整体联觉故事感受。生物材料的应用给了纺织品设计师们探索味觉世界的可能，图1-9作品《余》中的生物材料可用于奶茶、果茶等产品的外层包装，采用食用色素和天然材料加工形成花色与纹理，冲泡过程中直接融化，增加了该类产品的视觉和味觉层次。设计师希望设计并制作出能够替代传统塑料包装的无污染生物材料包装，以实现降低塑料污染、保护环境、维护资源可持续利用的核心目标。从感官设计这一角度去定义纺织品设计，为纺织品设计领域带来更广阔的探索空间，也为纺织品设计师们提供了自我发展的更多元角度。

图1-8　青年模式，严寄予，
本科毕业设计，蚕丝面料、草木染，2019年

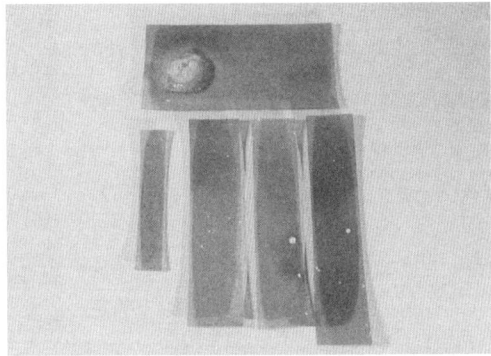

图1-9　余，陶依璇，本科毕业设计，可食用包装
生物面料，食用明胶、食用琼脂、山梨酸钾、
山梨酸醇、食用色素、奶茶果粉，2022年

　　纺织品的历史伴随着人类的文明史，它以独特的视角与人建立起密切的功能与情感的联结。纺织品设计是基于人的感官，以材料为媒介，以双手为契机，以工艺为纽带，兼具功能、隐喻与精神内省的表达方式。纺织品设计的边际也在不断地被探索、被延展，如今，其涉及范围也极为广泛，纺织品设计师在服装、环艺、室内、家居家具、建筑、交通运输、视觉传达或纯粹艺术等各种领域都带来了新鲜而又细腻的解读。同时，这些领域的观念与方法也反过来激发着纺织品的重塑与多元。在不断模糊不同领域边际的探索过程中，纺织品的设计语言、形式、技术与功能发生着巨大变革。纺织品领域

内部观念的新增、技术手段的新增，以及外部应用领域的新增，皆带来了无数指数型其他可能的新增。这是对纺织品设计未来潜能的理想主义预设，也是通过每一位纺织品设计师共同探索的结果。

三、纺织品设计的职业分工

纺织品设计为该领域的受教育者提供了不同的就业机会，接下来将就这些不同的职业分工进行介绍，帮助读者从产业的角度对纺织品设计有进一步的理解。

（一）以工作地点进行划分

纺织品设计的职业选择多种多样，从工作地点进行划分，一般包括自由设计师、纺织品设计公司、产品公司相关设计部门，以及纺织工厂。

1. 自由设计师

自由设计师通常是指没有固定的工作团队和工作地点的设计师，他们会将设计直接或通过代理进行销售。

2. 纺织品设计公司

专门的纺织品设计公司通常被称为"设计工作室"，它可以由纺织品设计师自己组建，或是受雇其中。工作室环境通常是纺织品设计师们的首选，他们可以与稳定的团队进行合作，进行创意活动，有比较稳定的销售渠道。这些纺织品的设计工作室一般会通过专业展会挖掘潜在客户，如中国国际家用纺织品及辅料博览会（INTER TEXTILE）、中国国际纺织纱线展览会（YARN EXPO）等。

3. 产品公司相关设计部门

在一些服装、室内、交通或产品公司中，也设立有专门的纺织材料、颜色、工艺设计的相关部门，纺织品设计师可以就职于此，它们的类别有从概念化到商业化的各种风格形式。

4. 纺织工厂

就职于纺织工厂中的设计师通常需要了解全套纺织工业的运作模式，其风格也更为商业。为大型制造商工作的设计师需要从纺纱、染色、面料整理、辅料及配件生产等各个层面进行参与和提供服务。

（二）从专业分工进行划分

从专业分工的角度进行划分，纺织品设计师的工作主要可以分为：工艺制版师、纱线设计师、CAD/CAM设计师、时尚预测员、色彩预测员。

1. 工艺制版师

工艺制版师一般是精通于某一项纺织工艺的设计师，他们可以独自工作，利用纺织工艺制作限量版的产品，或者与其他设计师合作完成系列作品。

2. 纱线设计师

纱线设计师的工作重点在于纺纱和颜色的设计，他们也会基于特定纱线效果进行织片设计。纱线设计师会根据纱线的专业用途进行考量，比如专门为针织或机织厂提供的纱线，或为钩编爱好者提供的纱线。

3. CAD/CAM设计师

CAD/CAM设计师通常是指那些利用数码技术作为创作工具，将设计灵感得以实现的设计师们。随着科学技术的发展，数字化的媒介可以为纺织品设计师提供更广阔的创意空间，使作品不受地域和时间的束缚，被传输到任何地方进行生产和展示。

4. 时尚预测员、色彩预测员

时尚预测员和色彩预测员的工作高度相关，他们都需要通过极具专业性的洞察能力，准确预测未来的主题、颜色、材质、工艺和风格等时尚趋势讯息。他们一般会就职于相关的时尚预测机构，为服装、家居、产品或交通工具等品牌提供预测数据。时尚预测机构也会要求纺织品设计师依据给定主题设计制作样片，或梳理相关时尚趋势信息。

本书第一节已经对纺织品设计有了大体的概念介绍，明确了其涉及的范畴，以及相关从业者具体的工作场景和职业分工。在下一部分的内容中，将与几位青年纺织品设计师和艺术家一起讨论纺织品语境下的相关议题，以此帮助纺织品设计进行文化定位。

纺织品设计中的议题

　　纺织技艺在世界范围内被广泛地传承和传播，纺织品在全球每个社会活动中都占有一席之地。相同纺织背景的设计师们，所从事的专项职业范围十分广泛，纺织品因其无处不在的性质潜移默化地触动着每一个设计者和使用者，塑造了他们的经历、心灵和思想。正是这种难以显见的特性，使纺织品与不同文化和生活相融合，因此，寻找其共同经验和定位变得极为困难。但我们可以通过对纺织品领域所涉及的某些议题的讨论，去探寻其各种维度的面貌，从而更好地理解纺织品设计的文化定位。这些议题的提出和回应均来自于对2020年"敢为鲜声（Making New Voices）"论坛❶中嘉宾对谈的捕捉。每位对谈嘉宾都根据他们自己的专业技能、文化和兴趣所在，回应了更为贴合这个话题的事例和分析。这些议题将触及有关文化、性别、身份、环境和现代生活的某些标准问题。

一、专业定位

　　问：各位都有纺织品设计专业背景，但现在似乎都看似在从事各种各样的事情，那你们是如何理解：什么是纺织品设计专业？到底这个专业在做些什么？在表达什么？在探索什么？

　　李佩琪❷：近几年来，纺织品设计产业发生着巨大变化。我曾经从事过三年的时尚杂志助理编辑，我的主要职责就是收集每一季的流行面料，整理出不同的趋势主题。在这个收集过程中，我发现有趣的纺织品设计越来越多，上面

---

❶ 本次论坛是由北京服装学院艺术与科技专业（纺织品设计方向）组织举办，作为2020年线上毕业展的相关活动。该论坛邀请到具有纺织品设计背景、现从事不同领域的8位年轻艺术家和设计师，与我们一起分享青年一代对于纺织品设计、艺术与科技的理解。该论坛将从不同的热点话题出发，用年轻人的态度与观点去探索纺织品专业的边界与多元的可能，发出年轻"鲜声"。

❷ 李佩琪，混合材料背景的艺术家，硕士毕业于英国皇家艺术学院纺织品专业混合材料方向，并拥有伦敦时装学院时尚纺织品设计的学士学位，目前正着手于不同的艺术合作项目，致力于将游乐玩趣的精神置入公共空间之中。

呈现出来的工艺和材料的组合也越来越丰富。后来我又回到英国皇家艺术学院读纺织品的研究生，看到了更多不同的纺织品设计作品。我一直觉得纺织品设计是一个很广泛的专业，它真的很难用单一的角度去诠释，从古至今它都涵盖生活非常广的领域，所以很难被定义。英国皇家艺术学院的织品专业本身就分为了五个方向，有针织（knit）、机织（wave）、印染（print）、混合材料（mix media）和柔性系统（soft system），每个方向同学的创作媒介就已经不一样了，大家具体研究的主题更是不同，我从来没有在学校里看过相同的项目。就算研究的工艺主体可能会重叠，但最终的产出物的形式和主题都是非常多元的。我也常常在思考，纺织品设计到底是什么，就拿我自己来说，我最早的背景是纺织品设计中的刺绣方向（图1-10）❶，但我现在的作品已经跳脱出纺织品，都是关于动力装置方面，它们看上去是非常不相关的东西，但对我来说是一样的。它并不是换了一个东西，而是慢慢地从我以前的作品中发展而来的，它们实际却是极为相关的。我的创作模式都是依照同样的纺织品设计的设计方法论，我收集资料的方式、进行推论的方式，以及我去实验的工具与技巧，其实都跟我之前在做纺织品设计的时候一样，没有发生改变，我的动线没有改变，只是使用的材质改变了而已。工作原理都是当对一件事情感兴趣，就去展开相关的调研，做了这些调研以后就会有很多想法，比如我可以通过选择什么样的材料，去发挥材料特性，然后做材料试验，调整不同的比例，最后一点一点串起每一个点、线、面。这种纺织品的设计思维和方法是没有改变的，最重要的反而是你想要表达什么，你关注的东西又是什么，因为每个人的创作模式真的不一样。对于我所从事的艺术创作领域，我觉得最后、最重要的反而是中心思想是什么，想要表达什么，想提出什么问题，想解决什么问题，所谓的织品设计就是你的表达方式而已。所以总结下来，材质应该是所有纺织品为背景的人一直在探索的项目，因为我们每个人都对材质以及触摸材质的感受十分迷恋。尤其是在与其他领域的设计师合作后，这种感觉变得尤为强烈，以纺织品设计为背景的人比起其他领域设计师，会对材质、颜色、触觉这些方面特别关注。就算是我现

❶ 在作品《拖延》（Procrastination）中，观者可以利用作品上的放大镜观察到由塑胶珠在透明织带上绣制而成的连续性待办事项清单的图像，里面每一个图像呈现了创作者的日常生活。作品旨在描述"总是把重要的事耽搁"的行为，通常会将注意力摆在不那么紧急、较有趣、或是更为简单的事上。在这件作品里，作者对现代社会看待"拖延症"行为的严格观点提出疑问，并用漫长的缝制过程来表达对社会追求所谓"高效率"的抗议。该作品希望能提供一个机会，让人们慢下来去面对与消化生活中的每一个时刻。作者利用手工珠绣这一极具象征意义的创意实践活动，表达"拖延"或许是一种无意义的精神浪漫，大脑短暂的留白反而提供了一种平静的美感，而这些时刻是至关重要的。

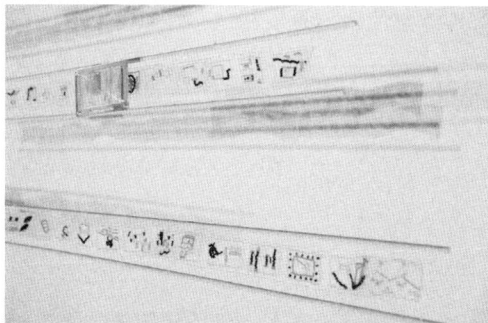

图1-10　拖延，李佩琪，手工珠绣挂布，
塑胶珠、透明织带，2022年

图1-11　一切都应该保持可能，李佩琪，现地制作
互动装置，布料、绳子、拉力装置，2020年

在做的可能很多都是比较大型的公共空间动力艺术装置（图1-11）❶，但我依旧非常注重人跟物的接触体验，以及这种接触对于人情绪稳定性的影响。所以总的来说，都是有关联的，虽然织品设计很难被定义，但它就是一件非常生活化的东西，它会潜移默化地影响以它为背景的设计师观看世界的角度和方式。

　　张嬿婧❷：纺织品设计可能就是一种对材料的探索，与艺术家不同，艺术家只需要提出问题，而纺织品设计师还需要提供问题的解决方案。材料不仅是一种功能性的使用，比如在家用环境中，我们会对这个空间进行"软装修"，以此营造一种温馨的家庭氛围，也就是说纺织品设计是需要兼具功能性、审美性和情绪性的综合考量。做设计之前我们需要去了解一下被设计对象的历史渊源，你要做一个新的东西，就必须要学习一下旧的东西，你要知道它从历史上是如何演变而来，所有的历史事件似乎都在螺旋上升，仅靠凭空想象，可能你的创作就失去了立足点。所以我们在进行创作时就需要收集，需要调研，同时，大量调研也可以避免"闭门造车"，保持原创。可能

---

❶ 李佩琪在群岛的驻村作品《一切都应该保持可能》（*Everything should remain possible*）是一个横跨停车场的大型拉力互动装置，她从那些我们平日不曾注意到的角落撷取细节元素，将它们置于全新的环境中，并让观众自行去操作、拼凑、组合并定义图样。于是点跟点连成了线，线与线之间又组成了面，逐渐构成了生活的形状。该作品灵感来自情境主义艺术家康斯坦特·纽文惠斯（Constant Nieuwenhuys）的名言："一切都应该保持可能；一切都应该能够发生。环境将由生活活动塑造，反之亦然（Everything should remain possible; everything should be able to happen. The environment will be shaped by the activities of life, not vice versa.）"。作者想借由观者与该装置的互动表达环境由人的活动塑造，它不仅限于一种样貌，是随人的不同需求而变动的。这个硕大的装置以震撼又诙谐逗趣的姿态，记录了人们的活动轨迹与日月流转，并写下开放性的故事。

❷ 张嬿婧，品牌EJING ZHANG创始者，混合材料设计师，运用独创的材质、灵动的色彩、精致的手工，创造有趣而简约、别具一格的首饰与家饰系列。曾为亚历山大·麦昆（Alexander McQueen）、利伯提（Liberty）百货、奔驰等多个国际知名品牌提供设计服务，凭借独创的媒材技术受邀在伦敦设计博物馆和一席讲演，2017年获柏林高端设计师品牌展（Premium Show）最佳饰品设计师称号。

纺织品设计越发变得不在乎每个人具体做什么，而是营造一种有关触感、视觉、情感等杂糅的情景。

二、传统工艺存续

问：一谈到纺织品，我们总会跟手工技艺、匠人、传承和传统文化这些非常厚重的词语联系在一起。然而，在考虑什么是纺织品时，那些最早、最不起眼的纺织品的起源可能已经丢失。随着人类文明发展，纺织品记录着每一种文化的细微差别，每一次人类与自然环境的抗争，也包括我们每个个人、家庭的生活方式等。我们现在再去谈历史、传统和纺织的关系时，可以站在什么样的角度上？抱有什么样的态度？

李佳玲[1]：怎样保留过去的东西或怎样记录传统和历史，还是要回到我们为什么要做这样的事情，以及我们自己是谁的讨论中。对我来说，织品设计是一种形式，它可以有很多方式去被践行，比如有人去做建筑，有人设计空间和室内，织品只是我们用来“说话”的方式，掌握了这种方式以后，就需要去寻找其脉络。学习传统的纺织工艺，对我来说，比较像是一种理解以前发生了什么事情的途径，理解以前有什么东西值得被用什么样的方式保留下来。这样的过程也许可以重新检视我们如何串联材料、制作、历史、文化与地方聚落之间人与人的关系。我认为创新不只是仰赖最新的科技与风潮，也可以是来自传统工艺与文化脉络累加的新样貌，我的作品《新古董》（*The New Antique*，图1-12）[2]也在尝试探讨这一话题。

张懋涔[3]：由于时代的进步和生活方式的巨大变革，纺织工艺，以及纺织

---

[1] 李佳玲，织品艺术家、产品设计师、印花工艺师，佳佳百货有限公司联合创始人，同时具有工业产品设计、织品艺术、纤维工艺等背景。创作时的材料运用与形式表现，常以日常生活物件作为媒介，探讨新与旧之间的碰撞，她的创作理念始终保持在永续与环境保存的课题里。

[2] 在《新古董》的创作过程中，可以看到许多传统工艺的材料、制作方式与意涵，如古老的篓织（Basketry weaving）、玉石和吉祥图纹，其中创作者也融入了现代的工业技术——数码刺绣。该作品旨在探讨当代创作者如何重新检视我们为何制造物件，以及在物件的功能性以外，人为何对其存在精神性的仰赖。过去人们从土地、自然和动物中寻找象征，如人们相信石头带有自然的力量，挂在墙上的一束稻草代表着新年的好运，红色与圆形在不同文化历史中都有强烈的象征意义，对作者来说，《新古董》的创作即是一段重组符号并创造新符号的过程。

[3] 张懋涔，女装针织设计师，Mao Mao设计工作室创始人。该品牌已在巴黎与上海时装周发布六季，多次被昕薇杂志（*ViVi*）、服饰与美容杂志（*Vogue me*）收录。其品牌希望建立一种多元融合、跨性别的品牌形象，并与多位歌手、艺人进行合作，穿着该品牌出席各种演艺活动。

图1-12　新古董，李佳玲，篓织、刺绣，纸纱、石榴石、金属，35cm×60cm×10cm，2020年

品的设计和应用也随之变迁和跟进，但它们只是一直在演进而非全然丢失。在另一个角度上，像工业革命致使许多纺织技术得到快速发展和更迭，人的需求也随之不断膨胀和变化，所以许多我们在探讨的传统工艺已经被机器所取代。那些被机器取代的工艺似乎变得快速和没有温度，所以我们现在才想要去回溯所谓的匠人精神和传统工艺，以及人们用双手所创造的东西。双手做出的织品是有温度和情感的，而不是冰冷的工业制品，或是仅仅为了满足人的欲望而快速生产出的商品。作为纺织品设计师，其实我们一直在试图寻找这两者间的平衡，所以纺织品的文化没有消失，它只是随着社会文化的演变而改变了，它已经不再是传统的那些面料，或有关衣服的狭隘定义，而是已经变得更为宽广。纺织品设计师工作包含的范围也变得更为宽阔，譬如汽车中颜色、材料和工艺的搭配，还有建筑的表皮设计，更不用说与纺织品一直关系密切的服装。未来我们也会期待纺织品设计有新的发展，像现在纺织品设计也会涉及医疗领域，尤其是针织，因为它的织造原理和结构方式，在医学科技上面存在着非常大的潜能。还有我们一直在讨论的三维列印，以及航空航天领域，都是纺织品设计师可以去探索的空间。所以纺

织品设计的文化一直在演变，它只会越走越广，而不会越走越狭隘，或消失殆尽。

陈梅雀 ❶：很多我们日常使用的生活器皿都来自大规模机械化生产，但我一直坚持手工制陶，一是我希望通过手工实践继续寻找和试验我的个人风格，可能必须要亲手接触材料才能与它产生交流；二是就像懋淏说的，手工的东西是保有制作者内心温度与情感的产物。当然如果想要有更多的盈利还是需要进行工厂化生产，比如利用注浆工艺，但我现在还是比较执着于手工制作，希望通过时间，用工艺去记录某些东西。

三、女性气质

问：亲自进行纺织活动本身就是带有某种性别气质的行为，"女性——纺织"这一模型被许多传统观念和历史因素建立起来。虽然纵观纺织业的历史，也有很多男性的从业者，但纺织品是一种女性艺术的观念仍然普遍存在，世界上大多数纺织品设计专业也主要由女性组成。各位对于这种带有性别取向的专业特性有怎样的理解和解读？

张懋淏：在古代的农业社会中，就比如在中国，"男耕女织"提供了一种理想的社会家庭范式。从那个时候"女性——纺织"这一模型被稳固地建立起来。不论是从实际的家庭分工，如纺织这一活动的特性正好与传统女性繁育后代的职责分工相契合；还是象征含义，如纺织过程是一种从无到有的漫长工艺，这与女性通过"十月怀胎"孕育新的生命这一过程具有象征的相似性；抑或是织物给人的温暖、柔软、包裹保护的印象都与女性或者母亲的理想模型给人的心理感受极为类似。所有这些都造成了早期女性与纺织活动千丝万缕的联系，纺织成为女性特有的表达情感和建立情感的媒介。很多人可能会觉得女性比较细心，比较注意细节和细腻，所以更为适合从事传统的纺织活动，比如养蚕缫丝、织布和绣花。我在思考，比如在一百年前，会不会是因为男性过于主导的某种社会文化，导致历史上的很多时候普遍存在男

---

❶ 陈梅雀，拥有伦敦时尚学院时尚纺织品设计教育背景的自由陶艺者，泉州人，就雨陶瓷工作室创始人，主要设计并制作以陶瓷为媒介的生活器皿和饰品。她的作品时常将面料设计与生活器皿结合，为陶瓷寻找视觉上的柔软感受。在景德镇、厦门、泉州等地多次举办个展。

性地位高于女性的观念。从服装的角度来看的话，早期的很多著名服装设计师几乎都是男性，但在工坊中工作的几乎都是女性，女性参与的纺织活动处在一个比较附属的位置，这是一种刻板印象所导致的结果。

黄莎莎❶：在上学期间的确我们专业一直是女性为主体，但开始创立品牌以后，发现针织领域，尤其在工厂里面，你看到的很多从业者和技术人员基本都是男性。比如编程、制版、机器设备操作，我接触的针织工厂里面这些工作都是男性居多，可能反而是从事纺织品设计工作的人里是以女性为主体。所以在我看来，纺织品设计是有很专业、很技术层面的内容，比如第一台针织手摇机就是由一位英国牧师发明的。我们现在在讨论的很多内容都是有关创造力和设计的部分，但纺织品还包含着很科技的部分、很理工的内容，它是由艺术与科技两个部分组成的。科技会对纺织品领域造成非常大的影响，所以仅是有创意和观念的表达是不够的，因为你还要实现它们，这就需要很多其他方面的支持。在学校中我们习惯用自己的双手去试验材料和工艺，但当我离开学校，自己开始做针织女装品牌后，我接触到了电脑横机，接触到了更先进的全成型机器，你会发现技术并不是不好的东西，它可以为我们的创意大大加分，它可以帮助你实现之前手作只能做到一个雏形或一个很基础状态的作品。在接触到更宽广的技术以后，你就会发现那里是另外一片天地，它是一个超级有力的实现创意的工具。可能也正是科技的加入打破了纺织是一种女性艺术的观念，让更多的男性参与进来，同时也给从事纺织的女性提供证明自身理性、智慧和创意的机会。

四、未来挑战

问：近年来，人们对纺织品的认知和理解发生了一些变化，新型纺织品设计对传统的纺织品表达形式和内容提出了挑战。由于材料、工艺和技术的不断发展和丰富，纺织品设计师面临着比以往更多的创意选择，新型纺织

---

❶ 黄莎莎，针织女装及面料设计师，针织女装品牌swaying创始人，曾就读于英国伦敦时装学院时装面料专业及英国皇家艺术学院针织女装专业。设计师强调通过视觉语言、不同材料的结合、针织结构的变化，有形地表达每次灵感下无形的感受和情绪，并重现品牌追随的温柔且坚韧的独立女性形象。品牌已发布九季，并获2019年上海时装周商业潜质奖。

品设计师在作品中表达的态度和理念也反映了当代生活的方方面面。纺织品设计师可以是激进的、时髦的、技术的、保守的或宁静的，传统的定义被打破，变得更为多元。纺织品已经不仅仅出现在传统的服装或室内家居中，医药、建筑、交通工具和电子产品等领域也会看到纺织品设计师的参与。各位如何看待这些变化，这些变化又为你们的创作带来了怎样新的影响或启发？

李佩琪：纺织品这类如此生活化的事物必定会随着社会经济科技的发展产生巨大变化。就比如我们日常保暖使用的手套，因为智能触控手机的普使用，为了在穿戴手套的同时还可以操作手机，针织触控手套就问世了。现在越来越多的人意识到纺织品设计的重要性，许多产品公司都有专门的颜色、材质和工艺设计（CMF design）部门，专门研究产品的不同颜色和材质的搭配与工艺研发，就是为了让他们的产品更加人性化，更能符合当代的生活方式和社会文化。所以这些变化导致纺织品学科需要重新被定义，我们已经不能再用以前的方式来看待织品产业，因为该领域已经不仅限于所谓的"布料"而已了，更多是要针对材质的特性进行探讨。有时候我甚至觉得这个学科被称为"纺织品"都不再适合，可能应该用"材料或物料（material）""材质（texture）""表皮（surface）""结构（structure）"这些词汇更为恰当。很多人还是抱有比较死板的态度来看待该领域，譬如当我向人介绍我来自纺织品背景，他们就会回应说："那已经是一个夕阳产业"或者"你是不是自己织布做衣服"。这就是一个问题，反映出大众并没有像我们的学科内部一样以新的视角看待其发展。其实纺织品和服装是两回事，服装只是其中很有限的部分。新型的纺织品设计师已经从曾经一个比较附属、被动的角色，转变得更为主动，成为可以表达创意的主角。所以我在进行创作时的重点在于我要表达什么，然后寻找合适的表达媒介，而不会限制自己去考虑我做的东西是否还是纺织品设计。

张懋淛：最传统的纺织品设计可能就是大部分人理解的基于面料和布料的设计，但该领域中有太多富有创意和个性的新型纺织品设计师，把纺织品设计的边际不断扩大和延展，所以我们很难再去用一些简单概括的词语定义该学科。在未来，它会越来越宽广，可以与各种各样的学科交叉融合，未来的科技一定还会继续助力纺织品设计的发展，那个时候的生活方式和社会文化也会对其产生深入影响。它究竟会再发生怎样的变化也许我们现在还无法猜测，相信所有的纺织品设计师都会抱有开放的态度，不断将该学科向前推进。

五、艺术与科技

问：纺织科学与纺织品设计之间存在潜在的鸿沟，这反映了关于科学界与非科学界之间文化鸿沟在日益扩大的著名辩论❶。把艺术与人文学科划在一边，而科学划成另外一边的划分方式被广泛讨论。对于在纺织领域工作的人来说，科学和艺术是无处不在的。科学是纺织品发展中的重要创新资源。科学可以影响纺织品的艺术表达形式、材料选择和工艺制造等各个方面；但作为艺术和人文学科背景的设计师和艺术家们要如何参与并利用科学革新所带来的整个领域的创造性变革依旧是我们所面临的难题，对此我们能做些什么？我们如何搭建起艺术与科技交流的桥梁？

李佳玲：纺织品设计很有趣的一点是，它常常需要跟其他学科或领域相结合。比如我如果想设计一块服用的材料，那它就有可能走入服装设计这一学科；如果我想要做有关居家的状态，那它就可能要去跟空间设计相合作；与科技领域达成合作也是如此。所以纺织品设计常常需要扮演一个桥梁的角色，作为纺织品设计师就需要懂别人的语言，懂如何与他人对话。我们特别在乎材质、颜色或工艺，这些可能就是我们与他人进行对话的语言和工具，其他学科也将通过这些工具来了解我们所要表达的东西，以此达成合作。

张嬑婧：可以想象一下如果科学、人文和艺术没有齐头并进的话会是怎样一种状况？就拿历史上第一次车祸举例，当时汽车被发明出来，但大部分人不能理解这四个轮子的是个什么东西，它的速度可以达到多快。第一台汽车在路上行驶的时候，有一个人就冲上去了，他不知道汽车的力量有多大，这样的力量和速度会对他造成怎样的伤害，这就是历史上发生的第一起汽车撞人的事故。这个例子就反映了科技如果走在了文化的前面，科技还没有被大众认知或得到广泛讨论，就有可能发生我们不愿意看到的意外事件。我们

❶ 1959年，小说家和科学家C.P Snow发表了《两种文化》的演讲，并出版了两本与此有关的书籍。他认为，科学界和文学界的从业者彼此之间几乎一无所知，他们之间的交流几乎是不可能的。该观点引发当时广泛争议。

一直在讨论认为科技会为我们的创意提供更好的帮助，但我们也有可能被科技所限制。比如现在非常火的虚拟现实、数字媒体，它会帮助设计师们不受时间和空间的限制去展示自己的作品。但对于纺织品设计来说，有一个重要的内涵就会被丢失，那就是"触感（tactility）"，如果失掉了人的触摸体验，纺织品设计这一学科的特点和文化就有可能丧失。所以我们应该做的是与技术人员合作，探索如何让人在虚拟世界中也可以产生触感，而不是抛弃学科特色与迎合科技的不足。

黄郁媚[1]：在我们做设计时，纺织品艺术其实是一种形式，随着时代发展，它可以被运用在不同的产业中，以不同的形式呈现。科技更像是一种工具，随着带有不同功能的设备出现，设计者可以利用这些设备去做更多的创作。比如发热衣，就是利用具有功能性的纱线在原本的服装设计中做出突破，这就是一个很好的科技结合织品的例子。我自己在与斯托尔（Stoll）公司合作项目时，也会有很科技导向的、技术层面的探索，涉及很多纺织工程的内容，甚至现在可以通过设备直接读取织物上的颜色导入计算机。这些都是科技跟织品在生产层面的结合，它看上不是那么的艺术，但在整个产业端是非常重要的环节。艺术与科技是一个相辅相成的过程，作为设计师或艺术家探索怎样沟通这个桥梁，搭建这个桥梁十分重要。

袁正[2]：艺术家或设计师与科学家合作可能涉及两个方面，一是用视觉呈现一个科学的结果，二是科学家为艺术家或设计师提供技术帮助。就像我自己做的一个仿生装置，需要模拟昆虫逐渐生长的状态，以及模拟呼吸系统等，于是我寻找了一位研究人工智能的科学家，跟他沟通我的功能需求和技术要求，技术人员就可以帮助我解决技术问题，这就达成了一次很好的艺术与科技的合作。我的另一件作品（图1-13）[3]涉及某些化学问题，于是我去

---

[1] 黄郁媚，针织艺术家、设计师，毕业于英国皇家艺术学院女装针织硕士。英媒《针织产业创业》（*Knitting Industry Creative*）曾以"大胆且时髦的雕塑品"形容她的作品，游走于织品艺术及服装设计的她善于将传统技艺结合实验性材料，运用色彩搭配不同针织技法，重塑针织工艺。作品曾于2017和2019年选入FJU TALENT，在伦敦时装周发表。

[2] 袁正，综合材料艺术家，作品中总是带有对人类所处环境的深度思考。曾与多位艺术家、科学家合作项目，其作品在不同国家线上或纸质杂志出版发行，如*EVO*（中国）、*VICE BIE*（中国）。

[3] 该作品灵感来源于纪录片《美丽的化学》（*Beautiful Chemistry*），纪录片中通过超高倍的摄像机记录了化学反应的动人瞬间。艺术家通过与不同领域化学从业者的深度交流与学习，探索出用矾材料在织品上呈现美丽结晶体的方法，并结合编织工艺，将种植有结晶体的羊毛织品组合成可穿戴装置。最终，整个作品以美丽的晶体纺织物呈现，体现了有机物与无机物的结合，微观与宏观的视野，以及艺术与科技的跨界。

了中国科技馆，找到一位中科院的化学家，帮助我实现了在面料上长出结晶体的设计构想。在与他的交流过程中，我也学习到很多有关化学新的知识，开拓了视野。所以主动地寻找和交流是很重要的，也许我们可以带着我们的项目走入大学、研究所、实验室向技术人员展示创意设想，他们则会从科学技术的角度重新评价和回应，站在艺术与科技两边的人就同一事物达成了交流，彼此得到了启发。艺术设计者让科学家们看到科学技术中的美或新的灵感表达，科学家们为我们创意的达成提供技术帮助。而且随着科技不断发展，有很多更为多元、更易理解的技术和工具出现了，设计师或艺术家可以很容易进入工科领域。网络上也有很多资源，我们可以将它们组合，以达成表现概念的目

图1-13　美丽的化学，袁正，可穿戴装置艺术，编织、树脂倒模、蚕丝、明矾、金属线、羊毛、树脂胶，2019年

的。我们的创造力被不断开发，纺织品设计与各种不同学科都彼此交融，学科间的屏障就有可能被打破，我们可以更自由的去做任何东西。纺织品设计与其他学科间的差别只是观察世界的角度、思考方法，以及手边的物料不同而已，也正是每个领域都有不同的研究方法论，在合作时才会出现更多的火花。

六、全球一体化

问：随着全球一体化的发展，世界上任何一个国家都不再是单一个体、独立发展。中国为其他国家进行纺织品服装加工，发挥着劳动密集型地区优势，为国家经济的发展做出卓越贡献。但随着国民生活水平的提高，人工费用的增加，中国相比像孟加拉国这样的新兴发展中国家，劳动密集型优势已经并不明显，很多国家已经选择人工更为低廉的新兴发展中国家作为纺织产品的加工地区，中国的纺织业面临着转型的挑战。作为设计师或艺术家，是否感受过来自全球化的影响，尤其是在经营自主品牌或者工作室时，全球化是一种机遇还是挑战？

黄郁媚：全球化带来了生产链持续跨国转移，在这个过程中，也带来了许多文化风格、生活方式或消费习惯等方面的跨国影响。比如回溯三十年前，许多著名的设计师或奢侈品品牌都创建于欧美国家，亚洲是处在比较被动式地接受其文化、风格影响的位置，这也是全球化带来的影响。近几年，人的消费习惯出现明显改变，由于欧美快时尚的兴起，使人们对待服装的实用性、持久度要求和购买习惯均发生了变化，这也是全球化所带来的某种程度的影响。以上这些都会压缩本土艺术家和设计师自己的本地市场，我认为，这就是全球化对于设计师和艺术家的挑战。当我们去反思这件事时，设计师和艺术家对自己的价值判断和定位就显得尤为重要，然后就是去思考自身的文化背景，如何立足于自身展开创意实践。

袁正：中国的"一带一路"对艺术设计领域也产生了影响，通过"一带一路"，沿线国家不同的艺术、文化展现在我们眼前，毕业于伦敦中央圣马丁学院的艺术家陈天灼的作品中就涵盖了包括印度尼西亚、缅甸、泰国、柬埔寨，这类亚洲文化的元素。我觉得很有趣的一点，中国地大物博，有着各种各样丰富的文化，但很多人在做中国元素的设计时只流于过于传统的视觉符号，与当代审美脱节，传统的东西反映了当时的时代审美、文化和生活范式，我们不能对此简单照搬，如今中国已成为一个国际化国家。作为设计师，我们也应该将自己的视野打开，去关注全世界其他地方的各色文化，从中寻找与自身文化背景的差异和共性。全球化也带来了教育资源的共享，让我有机会去英国皇家艺术学院学习，去寻找不同文化的碰撞点，去寻找一种立足本土放眼世界的设计语言，消除文化间的壁垒，用这种设计界的世界语打动所有人。

李佩琪：全球化对于我建立自己的工作室应该算是一种机遇。首先，我可以将工作室建立在台湾地区，临近优质又经济的生产资源。同时，因为资讯的发达和传播手段的多样、便捷，我可以不受地域的限制，接手来自欧美的项目和订单，在台湾地区生产，然后通过高效的运输手段出产回欧美。由于全球化，地区性的差异变得没有那么明显，对于新兴设计师来说，可以利用全球资源开展事业，虽然伴有挑战，但也提供了更多机遇。

张嬿婧：在全球化的语境中，设计师依然需要依据当地可获取的材料和工艺进行设计。我选择将工作室设立在伦敦，比如我之前研究竹编

（图1-14）❶，但英国本土并没有这项工艺，竹编所需的原材料也没有被广泛种植、大量生长。如果坚持在英国延续这项工艺的研究，就需要进行来回的跨国越洋飞行，这是我的初创工作室无法承担的开支，所以后来我的品牌主要以树脂首饰为主。要做一个品牌或商业项目，需要依据所在地资源和预算，有些工艺必须要摒弃。我们的首饰生产也有一部分在亚洲，毕竟体量较小，工艺流程和材料都较为成熟，所以利用网络沟通就比较方便。树脂材料在伦敦本土制作，然后发到亚洲的工厂进行切割、打磨，将各种各样的资源进行整合，争取在比较有效和节省预算的前提下进行设计实现。

图1-14　拟竹编结构手提篮，张嬿婧、谢炜龙，3D打印材料，2012年

七、可持续发展

问：环境问题、可持续发展议题一直受到设计师或者艺术家的关注，许多相关作品不断涌现。同时，也有很多品牌会把环保和可持续发展的理念作为品牌卖点进行宣传。我们应该如何来解读什么是可持续发展，艺术和设计又能为此做些什么？

张懋渫：自己经营服装品牌以后，就发现从试验、打样到生产，整个过程中都会造成一定程度上的浪费。很多设计师为了满足消费者、买家或者工厂起订量的需求，会产生大量库存。如此大量的库存往往无法被完全销售，时装又是非常具有时效性的产品，过了一两季之后，这些剩下的库存就变成了不需要的废品。像一些快时尚品牌就更为夸张，一个款式可能会生产上万件或几十万件，但不可能每件都被卖掉，过季以后这些"废

---

❶ 拟竹编结构手提篮是纺织品设计师张嬿婧与建筑设计师谢炜龙在服饰设计领域的合作尝试。旨在为传统工艺、材料寻找现代的解读语言。设计师对竹编结构进行深度调研，并利用三维模型软件将其进行演变，最终设计结果以3D打印工艺呈现。视觉审美上保留了竹编结构特有形式，以及东方含蓄、简约的美学风格；工艺上则选择了更为高效、标准的生产模式。

品"就会被送到焚化厂销毁，这就对环境造成了极大伤害。如果真的要进行可持续发展的话，就像维维安·韦斯特伍德（Vivienne Westwood）所提倡的"少买，精买，让购物变得更加可持续"。设计师需要对设计的过程和结果都进行思考，如何让服装设计开发的过程更为环保和可持续，如何让设计的产出——服装引导消费者的行为和习惯，这些都是对设计师提出的挑战。

黄郁媚：可持续发展可能是近些年最红的字眼之一，也是最好的行销策略，它是大家迫切需要去关注的议题，因为它直接关系到我们的生活、环境和未来。在服装、纺织行业中探讨可持续发展，并不仅限于使用回收（recycle）、再利用（upcycle）的材料，或是用很直观的方式对材料特性进行转变。某种层面上讲，像二手店、复古店（vintage shop）或服装租赁店的兴起，也都属于可持续发展的解决方案。奢侈品的定制服务，其实也是一种心理层面上的可持续发展策略，它是去影响顾客对一件衣服价值的观感，通过将穿着者引入创意过程，增加其对服装的情感联结，从而延长一件衣服的使用寿命。另外，还有生产模式的可持续化，这些都不是直接地用一个可回收材料就能对可持续发展主题做出回应，而是在生活中对于一件衣服、一个织品的想象和寿命判断，这个角度反而是设计师和艺术家可以更为关注的可持续发展议题。

袁正：我之前采访过一位研究材料的博士生导师，他说真正的环保是"循环"，是去延长产品的使用寿命。近期有一个被广泛讨论的项目，是由英国皇家艺术学院纺织品设计专业的学生提出从小龙虾中提取元素制成塑料的课题。我与那位专家对此也展开了讨论，他说在从小龙虾萃取所需元素的过程中，其实还是要用到很多的化学产品，然后才能得到需要的元素，去制造成最后的类塑料制品。可能很多设计师或品牌就会用这种概念做营销，其实环保只沦为噱头，在制作所谓的环保材料的过程中，反而造成了更多浪费或二次污染，比如将塑料收集起来打碎后再次热压成型，如果在一个不专业的环境中融化塑料，就会产生大量污染，所以整个系统的循环才是更好的环保方式。

纺织品设计的分类

纺织品设计领域一直处在不断发展和变化中。近年来，人们对纺织产品的理解也发生了动态变化，一些新兴的纺织品设计师利用新材料、工艺和技术向传统的学科定义、形式结构与内容发出挑战。该领域从业者获得了更多创意实现的选择。纺织品设计师和艺术家们变得风格迥异、个性鲜明，他们可以是激进的、时髦的、技术的、保守的或宁静的。与此同时，更多学科领域为纺织品设计的跨界合作打开可能，纺织品设计也成为其他设计学科的创新动力。出于对创意的迫切需求，不局限于传统的时尚和室内装饰范畴，纺织品设计师和艺术家们借助特有的思维方式和设计方法论，为其他领域带来越来越多的具有挑战性的材料、工艺和产品。传统与技术的融合几乎涵盖纺织世界的各个方面，现代技术与传统工艺相融合，完美反映当代生活方式的变化，同时以现代性和进步的方式为传统文化的存续提供方案。从设计师、艺术家，到手工艺人，再到产业，纺织品行业内部的边缘也逐渐模糊，新的文化与生活方式创造了更多的中间市场，带来了更多机会。当代语境需要纺织专业人员具有专业度、敏感性和远见卓识，同时可以运用直觉在没有设限的空间中自主展开工作和研究。

本节将从家居纺织品设计、服饰纺织品设计、交通工具中的CMF设计，以及装置类纺织品设计这四大领域展开探讨，以实际案例具象地展现纺织品设计的样貌。其中涉及纺织品设计专业的学生作品、年轻艺术家与设计师的概念作品，以及较为成熟的商业品牌案例，希望在视觉层面，从多维角度回应纺织品设计的概念与其中包含的议题。这些案例充分展现出设计师与艺术家们对新兴媒介和材料的尝试，他们敢于对自我提出挑战，突破固有的设计能力与现有观念，对跨学科的新兴领域展开探索。同时，希望这些项目成为大家创作的灵感和基础，期待它们激发出更为活跃的思维，去发现纺织品设计领域中新的设计问题，并为此提出解决方案。

一、家居纺织品设计

利用纺织品对室内环境进行装饰一直是本学科涉及的传统范畴。为了创造舒适宜人的居家氛围，纺织品设计师们会通过壁纸、沙发布艺、床品、窗帘或装饰挂布的材质、颜色和纹样进行组合搭配，以达到预期设计目标。如现代纺织品设计创始人之一的威廉·莫里斯（William Morris），他的作品通过对植物质朴、完美的描绘，以及花卉的组合设计，形成了独树一帜的室内装饰图案设计风格。其影响持续至今，英国的桑德森（Sanderson）和利伯提（Liberty）两家公司，依旧传承着威廉·莫里斯的图案设计风格，并从中不断找寻新系列的灵感源泉。

更多的新型材料和工艺启发着原本就对室内装饰设计感兴趣的纺织品设计师们，他们所涉猎的范围不再局限于室内软装图案类设计，开始向产品设计、家具设计和空间设计等更多元的领域迈进、融合，形成独特的观察视角和设计美学。纺织品设计师们往往会从材料本身的特性出发，为其寻找合适的加工技术和最终的形式表达，以此解决不同室内空间的各项需求。"触摸"，这一独特的认知世界的互动方法，培养出纺织品背景的设计师与艺术家细腻且敏感的创作表达方式。他们将其融入自己的作品中，特别关注人在室内空间中的各种感官体验，以及触摸对使用者情绪的影响。同时，纺织工艺中记录了人类文明发展的历史与生活样貌，许多以室内空间为服务目标的纺织品设计师和艺术家，都会考虑传统工艺与文化内涵的存续问题。如何将纺织品工艺融入现代的生活方式与生活空间，使其精神内核得到延续与传承一直是这些艺术家和设计师的作品所显现的探讨话题。

在本科毕业设计《最近的距离》（图1-15）中，设计者尝试将针织和刺绣工艺与现代灯具设计相结合，为儿童居住的室内环境增加更为丰富、自然的视觉与触觉体验。作品将大小不一的悬挂式木质圆环，围合成有节奏感的简约

图1-15　最近的距离，张琇，本科毕业设计，灯具产品，手摇针织横机、戳绣，热熔丝、棉线、高弹涤纶，2021年

形式，圆环内侧隐藏着可调节色温的LED灯带，灯带环绕出的空间中填充了织物。开灯时，灯光透过织物间不同大小的缝隙形成流动的阴翳氛围。除了提供照明功能外，作者还希望利用该作品对"科技产品成为儿童教育和陪伴的媒介"这一当代现象提出质疑与解决方案。设计者发现儿童对电子产品的过度依赖会削弱其对于真实世界的感官体验，从而导致儿童认知发展缓慢或偏差，《最近的距离》织物灯具产品正是基于此背景而创作。设计者以自然界中树木的肌理、图形及颜色为创作灵感，用纺织品设计的语言将天然的视觉与触觉感受引入室内环境。通过相同颜色的高弹涤纶、棉线和热熔丝的不同材质混合，利用针织机上的花卡和螺纹工艺，使不同特性纱线以图形的形式分布，最后采用热压工艺使热熔丝融化定型，从而得到富有细节变化和丰富肌理质感的灯具表皮，再以戳绣工艺增强其色彩感和层次感。

　　整个作品以简约的形式感满足不同风格的现代家居空间，以取自树木的天然图形、肌理和色彩达成人工空间与自然环境的交流对话，以不同特性的材料与纺织工艺的结合实现织物在灯具产品上的使用。从这一作品我们可以看到纺织品设计师如何利用对感官体验的敏感与关注，通过设计与材料的力量，提出问题解决的方法，从而搭建起儿童与真实世界的联系，让他们通过触摸与观看感知世界、感受自然。

　　除了从自然界中寻找视觉与触觉的灵感外，将植物直接与织物结合引入室内，以此对环保与可持续议题作出回应，这就是作品《再·光合》（图1-16）

图1-16　再·光合，袁昕莹，本科毕业设计，花瓶及墙体装饰，墩绣、钩针编织、毡化，羊毛纱线、纺织废纱、地衣植物，2021年

的主旨所在。该系列作品源于创作者对入侵植物与纺织废料的调研与思考，二者均为看似无用甚至有害之物。入侵植物生命力顽强，会抢夺其他原有植物的生长资源，破坏当地生态系统多样性；纺织废料则是纺织厂无法使用的纱线，制衣工厂的边角料和日常的废旧织物等，大部分纺织废料最后都以填埋或焚烧处理，造成了极大的资源浪费。《再·光合》的创作者将两者以纺织品设计的手法相互结合，切换另一种视角和形式去观察它们，重新为其寻找未被发现的功能，并加以利用。整个系列作品以入侵植物——地衣为主要研究对象，以它的结构为灵感出发，将回收来的纺织废料与其进行重组、再生。最终让这些地衣植物生长于纺织废料形成的织品中，形成鲜活的绿色"刺绣"，达成相辅相成、互利共生的关系，并形成一种新的、独特的表现形式。作者通过试验不断寻找适合的植物，以及植物与织物之间微妙的平衡，既不会被纺织废料形成的基底杀死，也不会盘根错节破坏织物。

整个系列作品全部为纯手工制作，图案均提取于入侵植物的造型特点并进行了再设计，利用钩针编织的工艺特点将平面织物塑造出立体造型。作者利用回收来的旧毛线、羊毛、纺织边角料等材料，通过毡化、墩绣、钩针编织的工艺制作成花瓶和壁画表皮装饰。不仅是从环保角度出发，创作者也希望以设计师的视角和方式，将这些容易被忽视的生态问题用更接近生活的手法呈现在更多人的视野中。作品实现的过程也体现了人类摸索与自然和谐共处界限的历程。

陶瓷技艺并不会被人自然划分于纺织品设计领域，系列作品《连接》（*LINK*，图1-17）的创作者陈梅雀则是尝试将制陶工艺与纺织工艺相结合，赋予陶瓷如织物般的视觉效果。陶瓷器皿与纺织物似乎有着同样对人类文明历史进程的记录作用，它们的出现同时承载着人利用自然的创造力，以及观察生活的想象力。作者将最擅长的面料概念融入陶瓷工艺之中，颠覆了传统陶瓷的制作方式，同时也为两种工艺搭建起交流的桥梁。系列作品以"连接"为主题，将手工编结的金属丝或毛线在陶瓷预留的孔洞间穿梭达成连接，或是直接将陶瓷本身呈现出编织的结构，将连接的概

图1-17　连接，陈梅雀，陶艺器皿，手工编结、拉坯，金属丝、陶瓷，2017年

念隐化于制作的流程中。系列作品皆采用碗状器型，陈梅雀以这种生活化的形态选择，含蓄地表达着陶瓷与纺织物相似的历史渊源，以及它们与人之间朴实的关系。同时，作者将所学的面料专业知识与陶瓷艺术相结合，形成了不同材质间的融合，软的材料（线）与硬的材料（陶瓷）之间的交错感，代表着不同的物质，不同的领域，以及不同的人之间相互的交流与联系。

　　室内空间整体的氛围营造也是纺织品设计师所涉猎的范畴，他们利用颜色、图案和材质的搭配，服务于不同功能的空间之中。《「huilu」2022独立设计师品牌合作企划》（图1-18）是一位纺织品设计师提供的商业空间解决方案。设计师对大量的商业空间形式，以及纺织品设计在商业空间中的应用方式进行了调研，总结出打造沉浸式空间可以激发消费者的购物体验感、强化品牌在消费者心中的认知与视觉形象。但在已有的案例中，过于商业化、

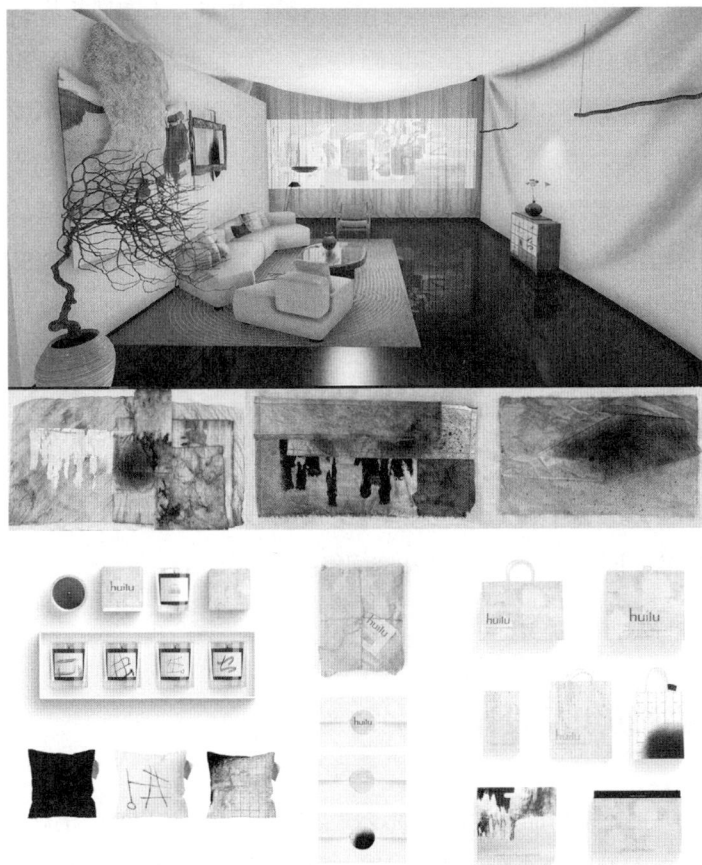

图1-18 「huilu」2022独立设计师品牌合作企划，张绘宇，本科毕业设计，丝网印、刺绣、平面设计、帆布、针织面料、宣纸、麻、水泥、虚幻引擎，2022年

模式化的设计反而削弱了品牌的多元性和消费者的好奇心。设计师根据上述背景，提出以纤维艺术的形式发挥其灵活、多样，具有较强视觉冲击和触觉感受的特性，营造兼具艺术性、体验感和主题性的设计师品牌集合空间。

该项目将"情绪可视化"作为灵感来源，调研了抽象情绪产生时引发的具象形态。设计师认为，"我们的情绪一直随我们的生活流淌着，通常以一种较为无形、主观和模糊的方式存在。但情绪可以是不止于一瞬即逝的虚无感受，我想捕捉情绪发生时的痕迹，将其转换为可见的、可被他人感知的图像与质感"。整个企划以"将情绪转为可视化具象设计语言"为核心，将情绪的视觉和触觉语言作为人与人之间另一种感性沟通方式，营造极具艺术氛围的商业空间，以此提升消费者的沉浸式购物体验。设计师以品牌方视角构建了一系列设计，希望通过打造艺术性空间陈列，向消费者传递品牌所倡导的审美风格、生活方式和精神内核。用具有主题性和故事性的空间激发消费者购物中的参与感和情感共鸣，以此拉近品牌与消费者的距离。

该项目涉及空间内的隔断设计、墙面装饰、家居家具设计、品牌周边衍生品设计，以及动线路径设计。其中，空间里的隔断设计是由纤维艺术装置组成，设计师受到传统缝被工艺启发，将被剪裁成几何图形的棉、麻类机织面料拼接缝制成整块隔断，并以丝网印工艺将"情绪可视化"图形印制其上，使该装置既具有织物柔软、轻便、灵活、质感丰富和视觉想象的特点，又呈现出古朴、雅致、抽象和具有象征性的艺术风格。这些纤维艺术装置既可以作为软隔断，陈列于商业空间中，发挥其功能性，也可以被独立展示或作为墙面装饰，发挥其艺术性和主题性。整个企划从空间布局、动线安排、主题设置等方面进行了设计与创新，在纺织品设计的语境下，试图打造与传统策展零售空间不同的陈列方式和空间氛围。

二、服饰纺织品设计

服装方面，纺织品设计师们通过精湛的工艺，表达出独特的材料美感，并以此影响着服装的造型与结构。服装成为织物创作者讲述故事、发表观念、实验科技，以及与穿着者互动的媒介。现在，时装设计师们也在不断寻找原创的革新材料，使面料成为当代时尚宣言的基本组成部分。时尚领域中的纺织品设计师们从幕后走向了台前，服装的形式与廓形成为服务于材料与工艺的载体。织物的外观、手感和悬垂性进入了一个崭新的时代。日益多样化的消费市场见证了织物从材料到工艺上的创新，新的技术赋予面料新的表面质感和肌理结构，以及重量和性能的新表现，这些变化使传统纱线和陈旧的织物图案恢复活力，并重新出现在时装秀场上。纺织品设计师们使服装不再局限于常年使用的材料和工艺表达，他们独特的专业知识、设计思维和方法激发了更多可能。新的人造纤维、材料或混纺面料，可以模拟出天然材料的质感、光泽，同时带来新的材料功能与属性，还可以为环保和可持续提供方案。在纺织品设计的视野下，一切变化都为时尚界带来更为多元、更富生机的可能。

在有关服装的纺织品设计探索《拆·合》（*takeApart*，图1-19）中，设计者经历了三个阶段：分别是互动性探索、成衣化探索和全模块化成衣探索。组成了设计者研究生时期的主要研究方向，即模块化服装的研究路径。

第一个阶段是对于互动性的探索，设计者主要的灵感来自乐高玩具，相同的乐高单元模块在不同人手里可以创造出各种各样的作品。使用者加入了创意过程之中，由此产生了极大的互动性乐趣。有没有可能制造出柔性的乐高玩具模块呢？这便是整个项目的初衷。随后设计者调研了各种柔性的模块化艺术设计案例，包括艺术家露西·奥尔塔（Lucy Orta）的作品《模块化

图1-19　拆·合，田园，针织模块化服装，手摇工业横机，
羊毛纱线、丙纶纱、PVC，2016年

建筑》(*Modular Architecture*)❶，帕特里克·考克斯（Patrick Cox）公司2000春夏系列《部件》(*Pieces*)，以及设计师加雷斯·布兰温（Gareth Branwyn）的作品《数学星期一：模块化服装》(*Math Monday: Modular Clothing*)等不同形式的模块化服装。随后就开始了样片实验的过程，从有关连接部分的实验，到穿插效果的实验，最后到材料与人如何互动的实验。得到了相应的实验结果后，进行优化和筛选，便来到了第二个阶段——成衣化。在这一阶段，设计者做了一套基础服装作为底板，带有连接部分的柔性模块可以在这个底板上一层一层叠加，就如同在搭建乐高，以此观察人如何与模块化服装进行互动。

最后一个阶段就是全模块化成衣系列《拆·合》的制作，这个系列获得了英国皇家艺术学院可持续奖项（SUSTAIN RCA Awards）。整个系列就是对前面两个阶段的优化和总结，在《拆·合》中，针织结构成为连接不同材料的媒介。丙纶纱与其他天然纤维混纺编织，热压定型，使这些织片可以被激光切割而不会散边。整个系列没有任何缝纫连接，每块衣片都是由设计者开发的连接单元被拼插在一起的。它们都是由相同的过程织造、切割出来，穿着者通过不同的拼插方式，会得到款型、功能非常不一样的服装。这样的设计很适合人们不同的个性追求，并且对环境也十分友好，因为这里没有废件，服装的每块衣片都是独立的和可变化的。

由设计师黄莎莎创立的针织女装品牌swaying源于其面料设计背景，以及对于触感的迷恋与细节的执着。通过不同视觉语言、不同材料的结合、不同针织结构的变化，有形地表达每次灵感无形的感受和情绪，并重现品牌追随的温柔且坚韧的独立女性形象。品牌名称"swaying（摇摆）"既是操作针织手摇横机时机器和身体的律动，也代表着设计师在针织时的那种慵懒、惬意并享受的感觉，流露着针织者对针织工艺的迷恋。

品牌创立之初的第一季《如气·如石》(*As Air, As stone*)系列开发于黄莎莎在英国皇家艺术学院硕士就读期间，并于该学院2017年毕业展和同

❶《模块化建筑》(*Modular Architecture*)是艺术家露西·奥尔塔1996年的作品，整个模块化系统由一系列相互连接的独立可穿着帐篷组成，这些帐篷可以被相互分离，形成单独的空间或一件衣服。作品的展示由一组舞者以行为艺术的形式呈现，所有舞者都可以相互联系，将实用的防护服变成临时的模块化庇护所。这件作品消解了身体和建筑之间的界限，舞者们通过发展彼此的关系，相互连接，形成整个雕塑，当他们彼此分开时，每个个体单元又似乎只是一件防护服。

年上海蕾虎（labelhood）时装周发表。《如气·如石》系列主要关注的是重量、平衡和脆弱感的融合。设计者的观察开始于衣服受到重量的影响而变形，这类生活中细微的感受或体验；再到通过装置用细细的一根线来保持极大重物平衡的作品；以及针织时通过起针梳向下拉扯织片，在手摇动机头与织片不断增长之间达成的重力平衡。最终，设计者巧妙地利用纱线和结构形成轻薄、纤细、飘逸、脆弱的织物，再以金属制成大小不一的类似起针梳的配饰，将这些织物通过重力拉扯出奇妙的形态与平衡感（图1-20）。整个重量的概念被结合到针织制作行为中，从物理上、视觉上，以及抽象感受上寻找轻柔与厚重、平衡与失调、脆弱与坚固的统一感。针织服装是否有其他的面貌?《如气·如石》系列将针织物的概念重新定义，它可以如空气一般的轻，但却具有石头般坚韧的承受力。这种全新的视觉、触觉与性能感受正是材料科技不断发展为设计师们带来的创意空间，从而使他们的创意成为可能。

图1-20　如气·如石，黄莎莎，针织女装系列，粘胶纤维、聚酯纤维、马海毛、金属，2017年

环保和可持续的概念一直是纺织品设计师们密切关注，时常出现在作品中的探讨主题。在人类还没有掌握纺织技术的远古时代，植物的叶子、猛兽的皮毛可以为人类提供蔽体和御寒的物料。农业时代，人类通过对自然的观察、利用，掌握了养蚕缫丝的技术，纺织工具的发明，赋予植物纤维和动物纤维更多的形态可能，人类可以用来制衣的材料开始丰富起来。随着工业时代的到来，多种化学材料进入纺织与服装制造的行业，为其带来更多变化与可能。机械化的生产使纺织和制衣的速度大大提高，但与此同时，环境问题也逐渐显现。长期以来，虽然制衣材料和制作工艺逐渐增多，但人类为了获取动物皮毛，一直没有停止过猎杀。如今，无论是人类对动物皮毛的贪婪掠夺，还是加工制造业对动物生活环境的大肆污染，都开始对人们造成相应后果。《无皮》（*Skinless*，图1-21）的创作者张懋涔希望通过略带残忍且强烈的视觉感和故事性迫使人们开始思考“是否有更环保的方式来制造衣物”。随着人们对动物福利的重视，不人道的动物皮革制作过程逐渐为人所

图1-21　无皮，张懋淣，针织女装系列，提花针织、拼布，
拉菲草、雪尼尔、单丝、马海毛、人造毛皮，2016年

知，曾经只存在于实验室的皮革替代品开始进入消费市场。如英国奢华品牌DUNE推出的用"葡萄皮革"制成的鞋履，古驰（Gucci）母公司开云集团投资研发的"培植皮革（lab-grown leather）"，以及卡拉曼·伊霍萨研发的"凤梨皮革（Piñatex）"。张懋淣的《无皮》则是利用针织工艺为皮草替代提供方案。该系列基于将人类角色与动物互换，创作者天马行空地想象当动物开始夺取人的财产，以动物的角度为出发，反思人类为了满足自我的需求而过度掠夺动物。整个系列高度仰赖各种新型材料和人造纤维，通过现代化数码针织技术与传统钩编工艺的结合，将提取于动物皮毛上的纹样、肌理和质感重新演绎。夸张且极具层次感的颜色、廓形与配饰，模糊了人类与动物的界限，提出一种新审美的同时，为时尚界带来更永续、环保的革新。

可穿戴技术和电子纺织品让被物理空间相隔离的爱人、家人或朋友依旧可以体验相互拥抱的感受。刺绣设计师托雅，毕业于英国皇家艺术学院纺织品专业的柔性系统（Soft System）设计方向，该方向专注于软材料物理属性的发展，以及它们与数字组件的结合。托雅的研究生毕业设计作品《拥抱我》（HUG ME）正是将电子产品融入于纺织面料中的典型案例。这件作品将服装变成了人类与互联网联通的接口，把新的维度添加到了通信领域，使触感得以被传播。《拥抱我》的设计背景正是在英国COVID-19大流行期间，病毒使身体接触变得危险，人与人之间产生了必要的社交距离。以网络为主导的新交流格局被打开，人们只能通过屏幕传递情感，这导致了由于缺乏身体接触而减少的情感支持。这些背景引发作者的思考，她在人们熟悉的传统织物中搭载充气结构原型和通信模块，去探索和发现未来可穿戴设备的潜力和虚拟的物理连接方式。同时，这件作品结束了人需要一直看着屏幕、握着屏幕和接触屏幕的通信方式。

如图1-22所示，作品受到仿生学的启发，以此作为探索运动中多变形状的起点。托雅选择了以海星为代表的海洋生物，它们吸附在岩石上的方式类似拥抱，是很好的形状变化的生物参考。除了功能上的考虑，还有审美价值的体现，海星那明亮的颜色和粼粼的皮肤，以及周围的海底环境都不断给予创作者有关材料选择和图案开发的启示。刺绣作为托雅的创作手段被重新演绎，游走的线迹不再是面料表面可有可无的装饰，而成为织物本身。在这件作品中，托雅利用涤纶纱和反光纱在水溶衬上进行刺绣，并将水洗后独立的绣片以钩编的方式制成立体的表皮，当用闪光灯在黑暗环境拍摄时，它们会呈现出反光图案，以此模仿神秘的水下世界。在这些立体表皮中，创作者运用pvc膜、Ardunio、真空气泵和压力传感器模拟了海洋生物的形态变化，并重现了拥抱的传递与其物理过程和感受。《拥抱我》系统是可穿戴的，创作者以人们熟悉的方式，潜移默化地提醒着对他人的关怀，自然地传递重要的触觉或拥抱的感受，达成情感的交流，并在材料知识和新兴制造技术的强大背景下超越了数字与物理的界限。

除了对于触觉的关注，嗅觉也为纺织品设计师带来新的灵感。设计师珍妮·蒂洛森（Jenny Tillotson）于2011年TEDxGranta的演讲中表达了她的观点，"虽然味觉是五种感官中被研究得最少的，但它却直接通往大脑，它是非常耐人回味的，能直接传递我们的各种感觉，如喜欢和讨厌，它还

图1-22 拥抱我，托雅，智能可穿戴服装设计，刺绣、针织工艺，涤纶纱线、反光纱线、水溶纱线、pvc膜、Ardunio、真空气泵、压力传感器，2021年

图1-23 依，夏婧，本科毕业设计，草木染、数码印花，醋酸面料、真丝面料、五倍子、冻绿、荷叶，2022年

有显著的情绪增强效果"。❶ 作品《依》（图1-23）的创作者借助嗅觉的情感增强效果，尝试将气味引入服装设计的考量范围。穿着者会在他们的衣服上留下特有气味，这种气味会勾起他人对衣服的记忆或情感，尤其在曾经的情侣之间，保留对方的衣物除了物理层面彼此怀念外，还包含抽象层面和精神层面的意义。该服装系列将草木染技艺与书法形态有机结合，形成一系列创意印花图案。创作者在探索草木染的过程中，也在不断探究植物在织物上留下的各种味道对人情绪的影响。她将中草药芳香疗法的概念和草木染技艺一同运用在服装设计中，希望将抽象的情绪依赖主题幻化为具体的颜色、质感和气味，并为服装的穿着者提供舒缓的氛围，达到精神放松的作用。芳香疗法能够通过气味改善人的健康，是一种在医学上被广泛认可和采用的治疗方法。《依》的创作者希望通过对中国传统工艺和元素的创新设计，为其寻找一种合理的当代存续方式。同时，通过视觉和嗅觉的双重作用，为现代人提供面对情绪依赖状态时自我恢复的手段。

三、交通工具中的CMF设计

随着消费者需求不断丰富和多元，交通工具设计的分工也在不断细化。色彩与纹理的设计被剥离出来单独考虑，形成专业部门，他们的工作被称为CMF设计，也就是色彩（colour）、材料（material）和后处理加工技术

---

❶ 利百加·佩尔斯-弗里德曼.智能纺织品与服装面料创新设计[M].赵阳，郭平建，译.北京：中国纺织出版社，2018: 87-88.

（finishing）三个英文首字母的缩写。这个领域为纺织品设计师们提供了进入工业设计领域施展才华的舞台。如何根据产品定位、市场文化、流行趋势、用户画像及心理倾向等因素，运用适合的色彩搭配、材料性能及后处理工艺以确保最终产品的功能要求及视觉体验，并为产品增加柔性附加值，则是CMF设计的重点。合理的CMF设计可以更有效地提高产品品质，缩短产品开发周期，降低生产成本，带来更多的产品竞争力。纺织品设计师和艺术家对颜色和触觉的敏感关注，以及对传统与现代工艺的掌握，为交通工具的内外饰设计带来新的情感触动和感官体验。内外饰的色彩、纹理和材料的设计，零部件质感及制造工艺的合理选择，都是提高交通工具舒适感和美观性的关键。相同的形状与结构，当被赋予不同的材质、颜色和处理工艺后，会表现出完全不同的主题氛围、使用场景，以及用户感受。CMF设计为交通工具设计师与使用者搭建起一座相互理解、沟通的桥梁，利用设计方法将人的主观偏好转化为能被客观控制的对象，最终再以能被人接纳、理解的主观体验输出出来。CMF设计师不是色彩、材质或者后处理工艺的发明者，他们更像是收集者和研究者，将大多数已经存在于这个世界上的各种元素，进行重新组合、搭配，从而给人以崭新的感受或形成不同以往的全新理念。

　　未来的交通工具是否可以像服装一样，与人如影随形，根据人的需求、形态被定制？来自三位不同领域设计师的概念车合作项目《呼吸Ⅱ》（*BREATH Ⅱ*，图1-24）回应了上述问题。他们分别是纺织品设计背景的田园，工业与智能出行设计背景的倪涛，以及创意制版与数字服装设计背景的刘佳。该项目获得了2020年米其林国际设计挑战赛❶"升级再造（upcycle）"主题的评委会特别推荐奖。该项目的研究始于田园与倪涛在2016年的概念车合作项目《呼吸》（*BREATH*），该项目灵感来自宝马（BMW）公司设计的概念车"GINA"，以及服装的立体剪裁工艺过程。在《呼吸》项目中，设计者希望转换人对汽车比较男性化的刻板印象，从高级定制、面料这些相对柔美、细腻的方向来讨论汽车设计。根据"GINA"的原理，田园结合其纺织品设计的专业知识，设想并实验了一种可以发挥针织和机织两种结构优势

---

❶ 该比赛由米其林于2001年创立，是一项享有盛誉的全球性比赛，体现了创新设计在未来交通领域的重要性。旨在鼓励和认可世界各地的创意设计，任何对未来出行感兴趣的人都有资格参加。参赛作品来自世界各地，包括个人、学校，以及运输和出行设计师的团队，还包括OEM和供应商、工作室、学生、老师、艺术家、建筑师和工程师等。

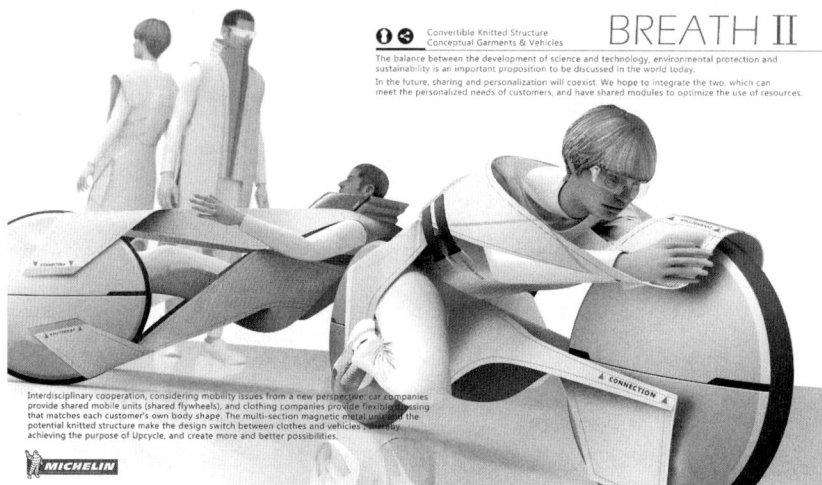

图 1-24　呼吸 Ⅱ，田园、倪涛、刘佳，概念性服装与交通工具设计方案，
丙纶纤维、弹性纤维等，2020 年

的织物材料。这种织物材料既有可塑性又具有稳定性，具有通过弯折处理直接形成汽车内外饰的可能性。两位设计者又从高级定制的角度出发，设计了一个类似人台的"车台"，以立体剪裁的方式，用面料立裁出了汽车的大致廓形，并将这个立体廓形转换成车的各部分平面纸版。最终的设计呈现是由倪涛将实物织片进行数字化采集，用三维建模的软件模拟出车的外观效果，并以视频动画的形式将作品概念进行了演示。这个项目获得了 2016 年国际青年汽车设计师奖的最终入围，并且受邀在巴黎荣军院举办的国际车展进行展示和交流。《呼吸 Ⅱ》延续了《呼吸》项目的主体理念，刘佳的加入使整个概念车的设计及呈现与服装有了更加紧密的联系。三位设计者展开了对未来交通工具趋势的想象，材料科学的发展使出行工具与服装合二为一，交通工具变得更加智能化、个性化、轻量且灵活。三位不同背景设计者的合作，展现出未来跨学科合作更多的潜能，以及彼此优势之间的相互影响。

　　《货机聚会》（*RALLY OF FREIGHTER*）和《现代侠客》（*MODERN KNIGHT*）两个概念车设计项目成果来自跨学科、跨院校的教学合作尝试。两个团队分别由两位来自北京服装学院材料设计与工程学院，纤维与时尚设计实验班的同学与一位来自其他院校工业设计专业的同学组成。希望通过这样的项目实践培养学生达成跨学科的思维与设计、工作方式，同时将交通工具的 CMF 设计引入教学内容，开拓纺织品设计背景学生未来的就业选择。项目任务书要求学生为 2036 年进行交通工具设计，学生需要对有限制的未来进行合理设想，尝试调研和预测2036年的社会、科学和人文领域的发展趋势，同时需要以使用者为中心开发新功能，以新颖巧妙的设计成就与众不同的风格、功能及理念。这两个项目分别斩获2022年CDN中国汽车设计大赛❶"最具可持续性设计奖"和"最佳材料使用奖"。

根据任务书要求，《货机聚会》项目基于吉利汽车的品牌理念及调性展开了设计。设计者们设想了COVID-19后疫情时期的生活场景，即人们意识到出行时保持一定社交距离的重要性，为增强乘客在公共交通中的私密空间，该项目打造了一种全新的"车载车"出行方式。设计者们为吉利品牌设计了一款小体量汽车，其可变形座椅及特殊天窗设计为乘客打造自在的乘坐体验；同时，设计团队自创了另一品牌"罗浮"，该品牌主要生产大型列车，这种列车可直接搭载吉利的小体量汽车，为出行者提供更为宽敞的公共空间，并支持出行者拥有自己的独立空间。图1-25主要展现了小体量吉利汽车的内饰设计，其主要灵感来自太极中"气"在身体里自由流动的概念。团队中的两位纺织品设计师设计、实验了一种可变形的座椅框架，并将面料固定于框架之上，乘客坐在座椅上可以形成自然凹陷，可通过框架变形改变

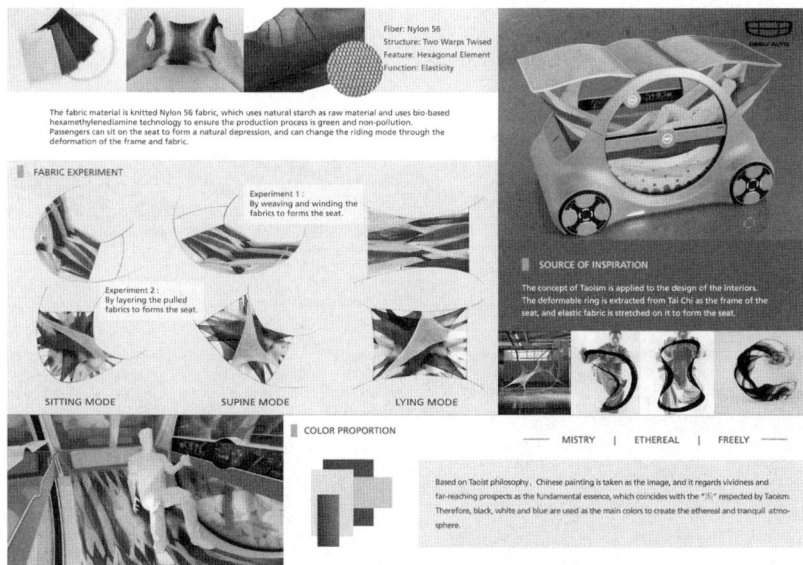

图1-25 货机聚会，陈嘉琳、程晨、苏新宇，
概念车设计方案CMF展示版，金属、尼龙面料，2022年

❶ CDN中国汽车设计大赛自2010年由国际汽车设计专业媒体Car Design News主办的权威赛事，也是中国规模最大、最重要的汽车设计赛事之一，面向全国正规高校设计专业的全日制学生开放。

乘坐姿态。座椅上的织物选择了尼龙纤维机织制的二经绞罗组织，它形成的六边形单元使织物本身具有较强的弹性和一定的支撑力，该性能为座椅的可变性提供可能。整体的配色上，设计者采用了冷灰、浅灰蓝、藏蓝和深蓝的搭配，体现出一种静谧、轻盈的未来科技感（参见附录彩图2）。从视觉上为汽车设计增强了轻巧、灵动的体量感，以便更好地融入未来城市整体色调的视觉想象。

另一组同学的《现代侠客》（*MODERN KNIGHT*，图1-26）设计方案，则是尝试将中国的竹编工艺与传统材料融入未来汽车设计。设计者们畅想了在2036年，城市将快速发展，所有的油车已被电车替代，各个城市为电车续航提供充电塔的配套解决方案。在这样的背景下，该团队描绘出一位现代侠客的用户画像，他们血液里流淌着绿色环保的观念，热爱冒险与自由，是未来城市的主人翁。基于此画像设计者们希望打造一辆轻量化、绿色低碳的双人出行电车，满足现代侠客们在城市中驰骋的激情。整体的配色以青绿为主，再以笋壳编织物的自然本色搭配哑光黄酮金属点缀，体现出东方审美中对青绿山水的诗意联想（参见附录彩图3）。通过东方与西方、古代与现代的文化交融，整个车从视觉上展现出轻盈、灵动的气质。在材料和工艺的选择上，团队希望响应国家双碳政策，基于绿色、环保和可持续发展的理念，尝试将笋壳材料这种处理办法简单的生物质材料，以及传统竹编工艺引入未来

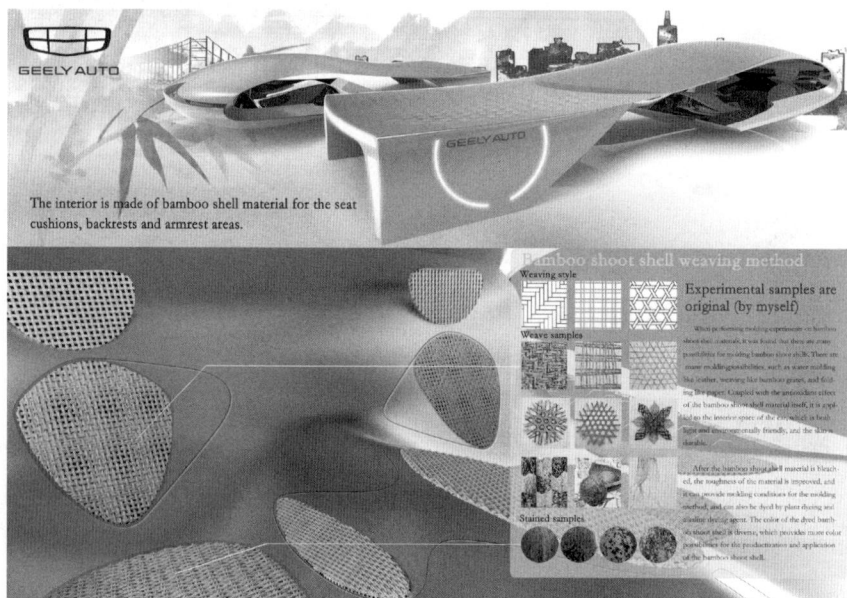

图1-26　现代侠客，潘祺俐、黄罗以、杨雯麟，
概念车设计方案CMF展示版，竹编工艺，笋壳，2022年

汽车设计中。设计者进行了多种竹编结构的调研与实验，最终选择了人字编与六角编两种竹编结构运用在内饰的座椅及外饰的部分结构上。《现代侠客》概念车设计方案挑战性地提出了"笋壳概念车"的新设想，正是纺织品设计师的融入为交通工具设计带来更为丰富、有趣，充满想象力的材料和工艺选择。

除了概念化的未来CMF设计方案，纺织品设计师们的专业知识和设计思维也同样为基于当代汽车品牌和工艺、材料现状的偏商业性项目带来不一样的风格故事。CMF项目《沁》是一套为城市中小体量汽车打造的内饰设计方案。设计者希望通过颜色、材质和工艺的配搭，营造一种清新自然、沁润舒爽的空间氛围。使那些在炎炎夏日，经历过冗杂繁重工作之后的城市居民，一扫酷热沉闷、疲惫倦怠的感受，得到身心的放松。在颜色的选择上，设计者进行了符合氛围故事的视觉调研，从中提取出颜色选择和比例搭配方案，进一步筛选后，确定以带有光泽感的白色和浅灰为主体颜色，各种纯度的薄荷绿和深灰为主要配色，再以极为少量的正红和草绿作为提亮色。整个颜色氛围既有薄荷绿的清润凉意，又有白、灰的柔和感和都市感。从图1-27的材料版（参见附录彩图4）可以看出，在纹理的设计上，《沁》体现出了丰富的层次感，通过棉麻、仿皮等不同材质的面料拼接，配以各种疏密形式的绗缝，营造出简约、时尚的现代感；镶边工艺的选择体现出设计者

图1-27 沁，何双莉，CMF内饰设计材料版，
仿皮、塑料、金属、涤纶纱线、混纺面料等，2021年

对细节的考量；编织纹的肌理上融入几何图形，兼具感性和理性之趣；将塑料和金属的表面融入织物的软触感和纹理感，使其具有更好的触觉和视觉感受。整个项目的设计思路都是基于对用户需求及其感官的充分考虑，颜色、材料和后处理工艺成为设计者实现"让人感受到清凉通透、开阔舒适的汽车内饰氛围"的手段媒介。

内外饰CMF设计方案《异议》（*Rebellion*，图1-28）展现出纺织品设计师利用独特的故事背景和风格营造推动电动汽车市场向前发展，探索可持续汽车材料和生产工艺可能性的过程。设计者以"变装皇后（Drag Queen）"为启发描绘了具有强烈视觉特点的用户画像，并将纺织服装设计的理念与手法引入汽车的内饰设计之中。整体方案的配色和材料工艺选择灵感来自变装皇后们闪耀夺目的穿衣风格，早在20世纪80年代，闪电之子乐队（Blitz Kids）中核心成员利·鲍厄里（Leigh Bowery）就开始摸索这种特殊的服装风格和生活态度。设计者着重考虑了如何将夸张的服装语言转化为汽车的内部空间装饰。颜色上，选择以鲜艳的紫、黑、黄色作为基调，佐以闪闪发光的金色金属，通过比例的细微调配展现出一种张扬、华丽的视觉效果（参见附录彩图5）。

材料和工艺上，地面装饰选择被裁剪成菱形的缎面织物与丝绒面料绗缝拼接而成，座椅和门板上则采用坑条渐变针织覆盖。整个CMF设计既为个性鲜明的用户画像提供了一个标志性的出行工具和舒适的休憩场所，又通过现代技术展现出简单的材料可通过良好的设计而变得高贵的理念。同时，内饰织物中针织工艺的选择大大减少了纺织品浪费，因为没有切割几乎没有缝纫，而且针织相比于机织工艺可以更好地控制生产数量。设计者通过巧妙的设计和新颖的故事切入，赋予汽车CMF设计与众不同的态度表达，又兼具环保和可持续的考量。

图1-28　异议，麦倬源，CMF内外饰设计，针织坑条、拼布、丝绒面料、树脂、金属、涤纶纱线等，2021年

四、装置类纺织品艺术设计

纺织品如今也被视作一种创作媒介被许多艺术家使用。纺织品可二维可三维的特点，与传统媒介截然不同的质感，为艺术家的创作提供了无尽的可能性。同时，纺织实践这种明显带有性别倾向的创意过程也为许多艺术家的作品表达提供象征含义。纺织艺术（或纤维艺术）是一个在近几十年来日益流行的术语，用于描述那些存在于画廊或公共场所中的纺织作品，如雕塑、绘画或装置。在这一部分的案例分析中，将主要展示纺织艺术在装置领域的应用。"装置"是"物件"在空间中的延伸，"织物装置"是纺织材料和工艺在艺术领域的延伸。绝大多数当代纺织装置艺术是直接从通用的纺织艺术和手工艺传统中发展而来的，尤其是机织、针织和刺绣领域，因为它们映射出现代生活和科学技术在创意学科中的演变。现在，虽然"纺织艺术"这一术语已被广泛理解，但它还是与纯艺术和纺织工艺相互纠缠重叠，无法被明确区分。纺织艺术虽是一个尚未被明确的概念，但却属于一项越发流行的实践活动，许多纺织品背景的从业者愿意自称"纺织艺术家"。我们不能低估纺织艺术在激发纺织品广泛文化地位方面的潜在作用，对于纺织艺术的不断探索和确定也可以达成对纺织品的重新定义。在古代封建礼教文化中，纺织品曾经具有重大的社会地位，但如今这种地位已基本消失，纺织艺术也许正是重新塑造这种地位的一股力量。历史中，纺织品主要是通过华丽的色彩和令人眼花的繁复织物纹样来凸显使用者所拥有的权利、奥秘或财富，而当代的纺织艺术则可以通过媒体或公共场所来表达更为复杂的内涵叙事和社会关系互动。

作品《不确定的边界》（*Uncertain Boundary*）是由上海线象针织实验室创始人之一的面料设计师、针织研究者丁罕青创作完成。线象针织实验室是一家专注针织艺术设计开发，致力于以设计为驱动，将设计审美注入传统针织行业开发端的服务型针织工作室。该工作室希望搭建起艺术家、设计师与供应商的交流平台，以在尝试中发现惊喜的初心发掘针织的更多可能性。《不确定的边界》创作于2020年COVID-19疫情影响下的伦敦封城期间，在当时社会环境充斥着不确定与不稳定的情况下，人们对于未来及当下生活充满危机感和不真实感。创作者罕青将艺术实践与非艺术的生活领域相关联，表达艺术不必具有与日常生活分离的形式，手工编结而成的服装这一日常物品

图 1-29　不确定的边界，丁罕青，手工编结，
包芯纱、金属丝，2020 年

成为叙述故事的媒介。如图 1-29 所示，该作品将包芯纱线与有韧性的金属丝结合，编织成一件"骨架连衣裙"，看似羸弱、柔软的框架却又具有一定支撑性与回弹性，将其放置于艺术空间之中便达成了人和物体的对话。作品《不确定的边界》利用材料的特性和编结手法表达出一种看似能被操纵又充满了不确定反应的生活现状。创作者通过营造作品与观者的互动体验，将其延伸为当下人与外界交互的一种抽象感受的转化，希望乐观地表达出虽然人们无法完全掌控不确定的世界，但却可以通过调整心态，在不确定的环境中找到与之交互的乐趣所在。

灰色的城市空间高楼林立，城市居民们快速步行低头不语。随着科学技术飞速发展，近年来，人们的生活节奏变得越来越快。三点一线的城市生活，长期沉迷于网络世界，限制于虚拟屏幕，使人们对周遭万物缺失了应有的关注与观察，人的感官变得单一和麻木，"丢失"了很多本该有的敏感和情绪。作品《失物招领》（Lost&Found）正是创作于这样的大背景下，该作品入选了 2021 年中国国际纤维艺术展。作品名中"失物（lost）"指的是人对身边事物缺乏敏感和兴趣，丧失观察的状态；而"招领（found）"是希望通过这个装置艺术作品提醒人们去思考身处繁忙城市的人们到底丢失了什么，从而给自己更多思考的空间，找回那些生活中被遗落的细微美好。《失物招领》的创作者们以斑斓、通透明亮的色彩在公共空间之中构建起一座可以与观者进行互动的装置。图 1-30 展现了该作品如何将传统的手工编结与现代的激光切割工艺相融合。整个作品充满着丰富的层次与质感，由轻盈的亚克力与柔软的马海毛线形成视觉与触觉的对比效果，再于细节之处用手工刺绣的方式缀以亮片和各色串珠，增加其微妙的肌理感。当观者在空间中游走时，能够从不同的角度体验这件作品，角度的变化将带来材料、工艺层叠关系的变化。在这个过程中，观者体验到细微观察的趣味，以及时间的推移。《失物招领》的创作者们利用纤维材料和软材料灵活可变、种类繁多、色彩丰富的特性，完成了对城市空间的改变并营造出新的环境氛围。他们希望展现纺织类装置艺术作品不仅是材料与工艺上的创新性探索，也不仅简单用意于吸引观看者触摸或与之互动，而是一种探讨自然、人类、空间，以及未来生活方式之间联系的媒介手段。

　　本章通过以上有关家居、服装、交通工具和装置艺术的纺织品案例分享，建立起更为具体的纺织品设计学科领域的印象。不论是本章第一节对纺织品概念的介绍，第二节对纺织议题的讨论，还是第三节对纺织艺术设计分类的解析，都无法绝对全面地展现纺织品涉及的全部内容，纺织品的世界肯定远比这些要更为丰富，尤其随着材料科技、信息技术的不断发展，以及人们观念的多元和生活方式的改变，这一切都使纺织品设计领域逐步发生拓展和变化。纺织品设计是一种有关颜色、材料和工艺的探索，创作者通过运用自身感官体验和专业技能，创造出属于不同个体的互动体验与情绪解读。在下一章中，将为读者介绍纺织品设计的通用流程和思维方法。在每一步具体的过程中，都会介绍该阶段需要掌握的基本技能、工具和方法。通过一系列生动形象的案例和小练习，帮助读者开展纺织品艺术设计的创作实践。同时，激发创作灵感，鼓励每一位读者在掌握这些方法和思维后，建立起更适用于自身的、别具一格的创意研究方法和设计实践方式。

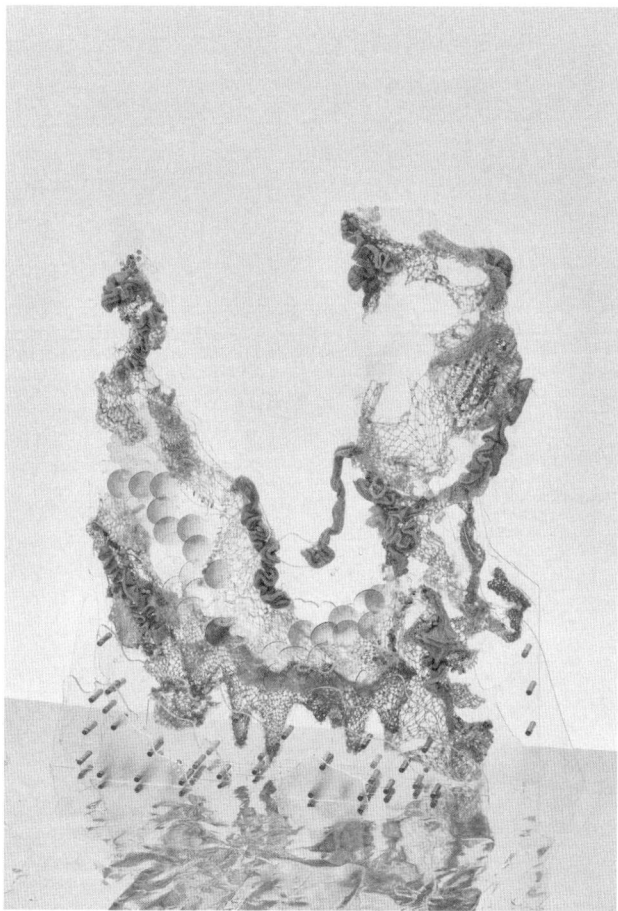

图1-30　失物招领，刘芷君、田园，激光切割、手工编结、刺绣、亚克力、马海毛线、亮片、塑料珠、玻璃钉，2021年

第二章

纺织品

设计的思维

纺织品领域的创意工作者往往具有独特的思维方式和观察世界的角度。眼睛并不是他们了解周遭事物的唯一途径，调动身体的各种感官和行动可以更好地激发创意灵感。在真正展开艺术创作或设计项目时，纺织品领域的创意工作者们会基于一种思维模式，并遵循一定的设计流程，这会使他们的工作井井有条，具有可控性。思维方式引导着工作流程的展开，合理的流程保证创意思维的落地。

设计流程涉及一些通用的阶段内容，比如主题构建、灵感、颜色获取，找寻材料、工艺，以及设计发展、设计输出，等等，每一步流程都将由纺织品多感官、多媒介的思维方式引导。但个性鲜明的创作者会依据个人风格、喜好发展出自己的顺序、工具、方法和内容。图2-1展现了一位同学的灵感收集发展簿和一系列创意针织样片。该同学将各种纱线与金属丝混合织造，使针织样片具有了一定的可塑性，并创造出三维立体的针织结构效果。整个系列的创作发展过程均被详尽地记录在她的灵感收集发展簿中，通过各种创意手法进行灵感分析、提取和发展，最终体现在织片的设计开发上。

本章将基于纺织品设计的思维，具体介绍设计的基本流程、方法和实用工具。实践是掌握专业技能最好的方式，希望读者可以基于本章提供的这些线索展开积极的自我实践，从而寻找到属于自己的纺织品艺术设计之路。

图2-1 灵感收集发展簿和创意针织样片系列，廖逸霄，课程展，2019年

灵感与调研

不论从事哪种具体领域的纺织品设计师或艺术家，在其艺术设计项目的开始阶段都会展开大量调研。从审美元素、材料工艺、产业知识到历史文化和生活方式，调研内容涉及各个方面。调研的手段同样多样，大部分艺术家和设计师会利用混合媒介的方式，多角度获得和提取调研素材，这是基于纺织品艺术设计的独特思维方式。调研是激发灵感的手段，从各类调研素材中，创作灵感被提炼出来。灵感的涌现会引导设计师和艺术家形成观点、理念和视觉氛围，这些元素将进一步被提炼成项目的主题，从而指导后续的创意工作。

本节将主要介绍什么是项目创作灵感和主题，以及获得它们的方法和策略。内容涉及如何寻找灵感、调研的方法、灵感收集发展簿（sketchbook）的发展、主题构建，以及气氛主题版的形成。这些内容将是成功开展纺织品艺术设计项目的基础，也是后续顺利推进项目的保障。

一、灵感的概念

在开始或进行创意活动时，创作者总会期待灵感的来临。灵感可以激发艺术家和设计师的创作热情，使其产生革新的理念或作品。灵感并不会自动找上门来，也不会是坐在工作台前冥思苦想就可以获得的东西。它需要通过一些策略和方法才能被激发出来，以此推动艺术设计项目的展开。灵感需要创作者打开各种感官去感受，离开工作空间去找寻，并且跳脱出网络和要做的相关领域的优秀纺织品艺术设计案例。可以去看一本书，去欣赏一些好的艺术设计作品，去翻阅一些杂志，去参观博物馆、美术馆或图书馆，去收集一些感兴趣的明信片，去画一些观察速写，去拍一些照片，通过各种手段记录自身经历和感受。还可以开始一段冒险，去一些从未到访过的地方，选择特定的天气出门走走，去爬个山，去一些很摩登的地方，然后用眼睛、身体和行动，充分地与这个世界互动。在这些过程中，灵感就会自然而然地进入创作者的大脑，激发他们的创作冲动。图2-2是一位同学对发霉柠檬的观察，她通过宏观、微观，以及与之互动的观察方法，获得了有关颜色、肌理和线条的灵感。

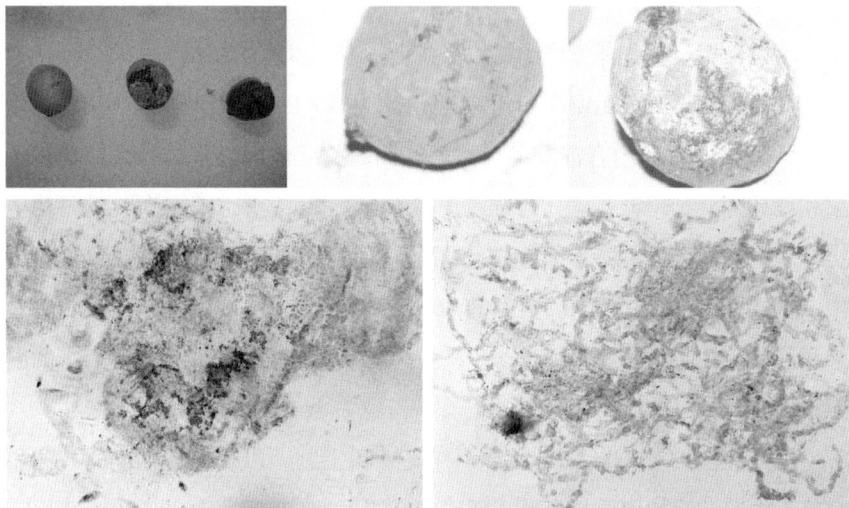

图2-2 发霉柠檬的灵感收集，韩庭蕴，2022年

灵感的获得也需要经过一定训练，是一个日积月累的过程。通常情况下，艺术家和设计师们不会只在接手项目时才去寻找灵感，收集灵感会成为他们的日常习惯。从事纺织品创意工作的人会时刻保持敏感，积极了解周围世界，重视触感的体验，以及一切可以启发其进行纺织创作的事物。并且在追寻灵感的过程中，逐渐发现自己的兴趣所在，开辟独特的观察角度和工作方式。

对于刚进入纺织创意领域的学习者，灵感的获取可以从一些更为熟悉，较为具体和形象的事物开始练习。过于抽象、感性、飘渺和宏大的主题会增加项目开始的难度，降低学习者的信心。从一些更为直接的灵感入手，有助于提取更具体的元素进行后续设计。抽象的灵感，比如一种情绪，很难被立刻进行视觉转化。当然，这也是因人而异的，可能有些人更擅长从抽象和感性的灵感入手展开设计。所以通过练习找到适合自己的工作方式，形成自己的风格，就显得尤为重要。图2-3来自一位同学通过对维生素片、包装和塑料勺这类日常物品具有形式感的观察方法，从而获得有关图形、颜色和材质的相关灵感的案例。这些物品与该同学的每日生活息息相关，易于观察和获

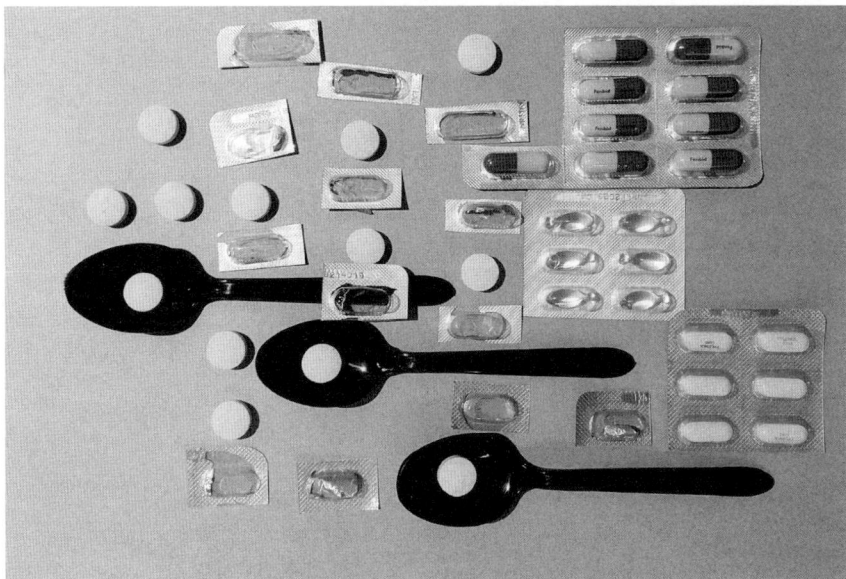

图2-3 日常物品的灵感收集，聂之舞，2022年

取，通过非日常的摆放形式和组合方法激发其创意灵感。

值得注意的是，为了获得更富创意的原始灵感，尽量不要去找一些成功的服装设计或纺织品艺术设计作品作为一开始的灵感来源。太过雷同的输出目标会限制原创力和想象力，也许在潜意识中，"借鉴"就会出现。除非创作项目正服务于某一个特定品牌，设计者需要知道该品牌的历史、品牌含义、经典设计，以及需要延续的品牌基因等。

二、头脑风暴

当拿到项目任务书或准备开始一个个人项目时，可能会不知该从何入手，或如何开始。在这种情况下，"头脑风暴"将会是一种非常有帮助、可以快速产生初始灵感的方法。我们可以利用思维导图将头脑风暴的过程以视觉示意图的形式展现出来。这样可以更好地将所有灵感想法具象化，观察其之间的相互关系，从而找到艺术设计的切入点。图2-4展现了课堂练习中，学生利用思维导图梳理头脑风暴时产生的想法，帮助自己确定接下来的调研内容和工作目标的过程。将一张视觉图片作为起点，或者也可以以一个词组作为中心向四周拓展思维、展开联想，任何熟悉的场景或感兴趣的事物都可

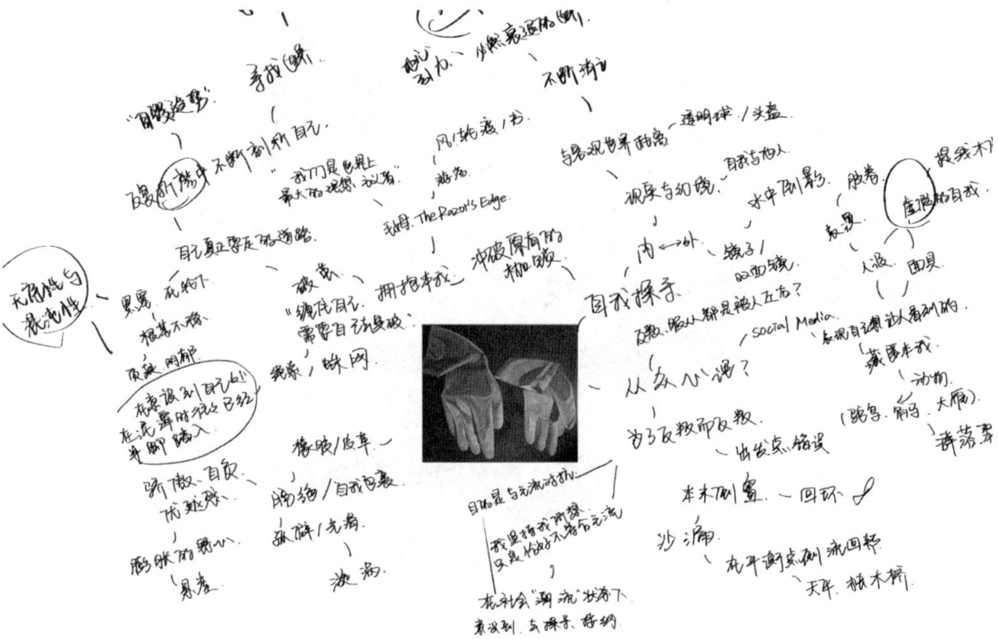

图2-4 头脑风暴，思维导图，课堂练习，2022年

以作为一个开始点，基于此展开头脑风暴。在这个过程中，不需要特别地纠结或者冥思苦想，头脑风暴是一个非常快速的灵感迸发过程，就是直接写下任何关联到的词，任何脑袋里蹦出来的想法，画出分支展现这些思维动态。不要去想或者分析这是一个怎样的想法，就让它们直接被输出来。等完成头脑风暴以后，再回过头来去分析、筛选其中的内容，把某些想法关联起来，为其添加颜色或图像信息，然后让它们形成项目的主题方向。

图2-5展现了另一种头脑风暴的形式，这位同学以图像作为基础进行了相关话题的展开联想。这些图片可能来自平日的收集，每一位纺织品设计师或艺术家都应该拥有自己的视觉材料库，其中涵盖各类感兴趣的形式和话题。在开展某一项目时，可以随机从视觉材料库中抽取一些素材，利用简单文字和图标对其展开快速的思维拓展。这一过程与之前介绍的思维导图方法类似，都是对灵感的快速激发和记录，两者的区别在于使用者的思维模式偏好。思维导图更加抽象，需要使用者本身具备大量专业知识和相关术语在大脑中备选，通过快速刺激将这些知识内容卷起头脑风暴，以更具创意的方式呈现出来。图像联想则较为具象，需要使用者有敏锐的观察力和想象力，通过对相关图片的仔细观察找出和联想到各种角度和层次的描述方式。两者都

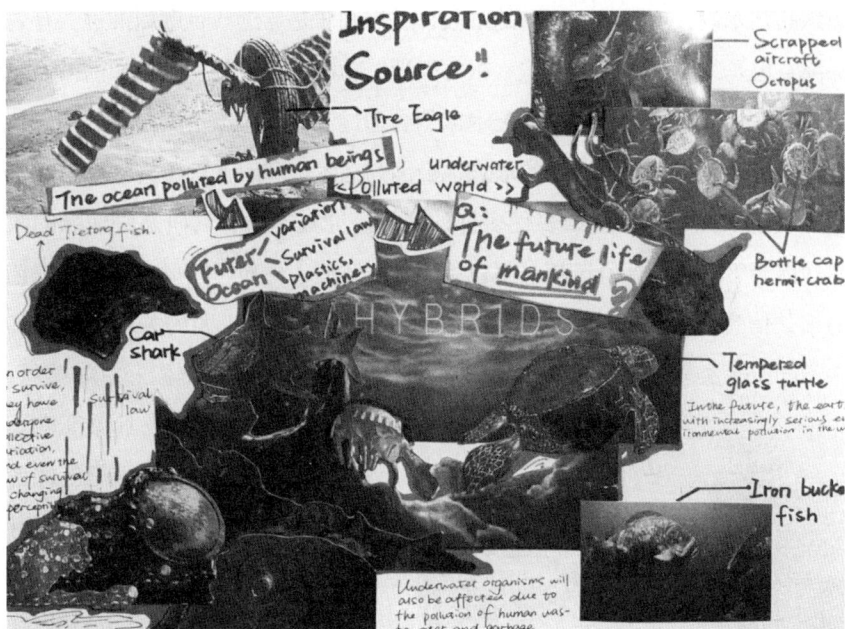

图2-5 头脑风暴，韩雨晨，图像联想，2022年

是激发灵感、拓展思路的有效方式，创作者可以根据自己喜好对其进行变形或结合，从而找到更适合自身情况的头脑风暴策略。

在进行头脑风暴时，时间控制十分必要，一般控制在三到五分钟。花几分钟完成头脑风暴以后，需要再反过头来看一下这些被写下来的词语、概念，评价其中有哪些可以被很有意思地结合在一起，呈现出更独特的角度。可能在观察已完成的头脑风暴时，会发现某一个或几个话题使人倍感兴趣，有后续更多可以被深入发散的可能，这也许就是一个很好的可以展开调研的内容。因为它有效激发了创作者的思路，而且很可能是创作者比较了解或掌控的部分。调研的方向在头脑风暴后被明确出来，然后就可以去图书馆、美术馆找一些相关的视觉图片，或一些更形象、具体的内容，艺术设计项目就被逐步展开。

三、调研

头脑风暴为纺织品艺术设计项目提供了良好的调研方向，接下来这一部分将具体介绍不同类型的调研内容，以及获取它们的方法。调研几乎是所有纺织品艺术设计项目都要经历的阶段，进行调研是后续项目顺利推进的有效保障，也是纺织创意工作者积累相关知识、功能用途、行业背景和前沿信息的重要途径。同时，设计师和艺术家们会通过调研逐步塑造出自身的品位特征、审美情趣和风格。调研的形式也会因为艺术家和设计师不同的兴趣、工作方式或研究领域呈现出多种多样的样貌。究其本质，调研是对信息的收集、记录、分析和评价过程。颜色、比例、肌理、材质、图形、结构和工艺的相关信息往往是大部分纺织品创作者在进行调研时主要的关注对象。其中不同工艺类型的艺术家或设计师对某些信息会表现出特别偏好，如颜色、

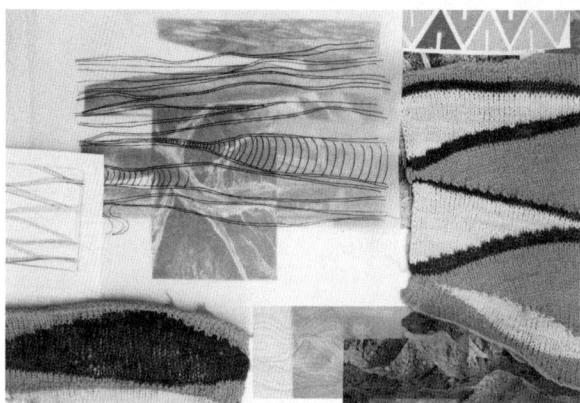

图2-6　山脉地质的灵感调研、提取和转化，杨雨欣，灵感收集发展簿，2020年

表面、图形、图案及其象征内涵的相关信息，可能是印花创作者着重关注的对象；从事机织或针织的艺术设计人员，则可能对结构、肌理、功能和颜色更为关注。图2-6来自一位学生的灵感收集发展簿，展现了她从山脉和地质的图片调研中，提取相关线条排布和疏密的元素，并将其转化成针织样片设计的内容。

（一）调研的分类

可以从两个维度对调研进行分类。按照信息来源，调研的类型一般被分为一手调研（或称原始调研，primary research）和二手调研（secondary research）；按照服务对象，调研则可以被分为主观调研（subjective research）和客观调研（objective research）。一般艺术设计项目会涉及所有分类类型的调研内容，但艺术家和设计师也会根据项目类型有所偏重和筛选。不同类型的调研信息需要通过不同的工具、方法和地点获取。不仅在开始阶段，调研其实应该贯穿艺术家和设计师的整个创作流程中，所有的调研内容以及对调研结果的分析、筛选、提取和转化都应该被记录在个人的灵感收集发展簿中，以时刻确保项目的顺利推进，确保项目符合既定要求和主题，并充满原创性。灵感收集发展簿是服务于创作者个人的，所以可以在里面放任何觉得

有意思或令人感到兴奋的东西，它是整个创作流程中激发灵感的试验田和草稿本，是信息的收集器。灵感收集发展簿可以让他人更好地了解创作者的艺术设计思路、流程、兴趣、观念和工作方法。创作者也可以通过它不断回顾之前的调研、提取和发展过程，同时向前推进艺术设计项目。

1. 一手调研

一手调研（或原始调研）主要是指创作者直接收集数据信息，而不是依赖于从先前已完成的作品中收集信息的方法。从信息来源上讲，他们"拥有"这些数据和信息。比如创作者通过直接、主动手体验、观察与接触实际物件或材料，获得的视觉信息和感官信息；或者利用铅笔、蜡笔、丙烯等绘画工具对周围环境、建筑、人物等进行的观察速写。当然，创作者拍摄的影像信息，计算机软件绘制、处理的视觉素材，任何由艺术家和设计师创造出的调研内容都可以被归类为一手调研。一手调研应该是调研的主要内容，是收集信息的关键所在。它也可以被分为视觉、触觉和功能三方面内容。

（1）视觉调研

视觉上，一切有可能被发展为纺织品艺术设计的元素都将是调研的目标。这些元素应该包含丰富的视觉信息，并足够引起创作者的兴趣和关注，可以激发有关颜色、纹理、质感、形式、图案和结构的创意灵感。图2-7显示一位该同学利用特殊滤镜摄影对荒野郊外场景进行调研，并利用丙烯颜料、笔刷、硫酸纸和羊毛对该视觉素材中蕴含的色彩、表面纹理和材质感进行捕捉提取。

图2-7　材质和色彩的调研，刘芷君，摄影、丙烯颜料、
笔刷、硫酸纸、羊毛，2020年

（2）触觉调研

创作者亲身接触实际材料是无可取代的触觉调研信息，图2-8展示了材料调研的内容，其中包含传统和现代的多种材料。塑料、羊毛、铁丝、硅胶或木头，每一种材料各有其独特的表现与性质，提示出不同类型的结构、表面和连接方式。对于纺织品设计师来说，材料没有好坏之分，其适合的场景、导致的成果，以及需负担的成本各有不同。

（3）功能调研

功能方面，需要创作者立身于纺织工艺技术去观察、思考、调研和探索。调研的内容应该涉及材料的处理和运用，需要以亲身的实践获得相应信息。图2-9展现了学生在针织工坊中利用工业手摇针织横机对各类纱线进行结构试验的场景。在这个过程中，学生将更为能动地学到有关材料和工艺的众多知识，包括传统的纺织技艺，先进的工业设备，前沿的材料科学，以及掌握怎样使用相关材料和工艺，并以此表达人们的生活样态和文化习惯。

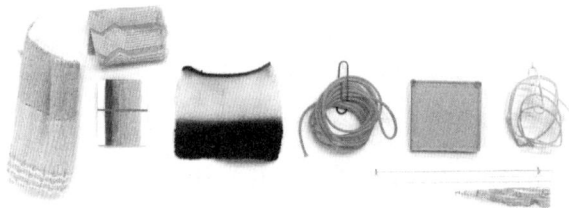

图2-8　材料调研及展示，田园，聚丙烯纤维、
树脂、羊毛、硅胶等，2015年

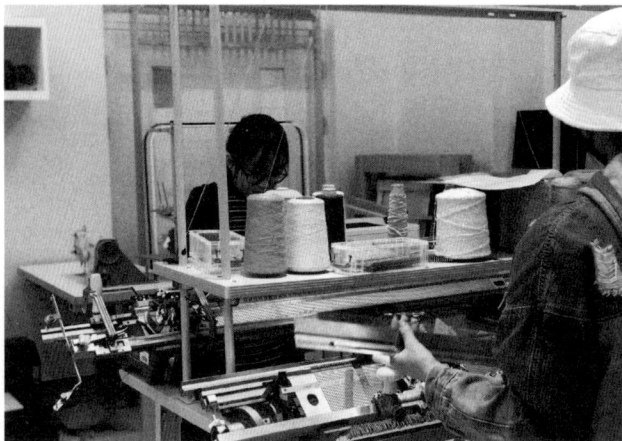

图2-9　学生的工艺实践，针织实验室

2. 二手调研

二手调研是一种涉及使用现有数据信息的研究方法。不同于一手调研来自艺术家和设计师本身对周围世界的捕捉，二手调研是对现有信息的总结和整理，它大多来自其他设计师、艺术家或专业人士和领域。通过二手调研，我们可以借助他人的视角去观察和感受，并从中学习到纺织品相关专业知识，提高我们知识掌握的深度和广度。二手调研包括发表在研究报告和类似文件中的研究材料，各类艺术设计作品，以及预测机构发布的趋势报告等。这些调研内容可以通过书籍、

网络、报纸、杂志、电视纪录片或电影获取。已经填写的调查问卷，一些政府和非政府机构中储存的数据信息也都是很好的二手调研素材，可以帮助创作者了解与其艺术设计主题相关的事物内容。开展二手调研工作可以帮助艺术家与设计师发现新的研究素材和方向，了解纺织品领域内的新动态和新技术。通过全球范围的大量二手调研，可以帮助创作者开拓视野，建立起自己的知识库。图2-10来自作者的灵感收集发展簿，其中展现了对日本传统纹样的收集整理，这有助于了解其他文化中纺织纹样的设计和应用方法。二手调研与一手调研同样重要，创作者需要有效利用二者的优势和特点，平衡好二者之间的关系。

图2-10　日本传统纺织纹样的调研及拼贴，田园，灵感收集发展簿

3. 主观调研

主观调研是指创作者出于个人表达目的进行的调研内容，它服务于设计师或艺术家自身需求，具有较高的自由度。创作者可以主观地对看到的一切事物进行捕捉和分析，其形式、标准和内容由创作者自身决定。主观调研的目的是借由这些调研内容，强调创作者自己的艺术主张、文化储备和推崇的生活方式，也是将自己区别于其他设计师和艺术家的手段。创作者从自己身处的"自然环境"出发，从所在的城市或乡村生活中汲取灵感，并且采用不同的媒介对观察对象进行提取和反映。创作者的工作方式体现着个人经验和喜好，他们将主观调研所得到的有关色彩、图形、造型、结构和材质等内容信息作为其艺术设计项目的灵感来源和主题故事。同时，这种调研能力也需要通过实践才能得到提高。随着经验的累加，会发现自己对所处环境充满敏锐的洞察力，可以快速进行判断，并随时随地通过自己的方式对信息进行观察、分析和截取。图2-11是作者进行的主观调研，通过摄影的方式对海底礁石上映射的海水光影进行捕捉，并利用不同质感的纸、颜料和笔刷对该摄影图片中的肌理、颜色和图形进行主观提取和分析。

图2-11　肌理、颜色和图形的调研，田园，灵感收集发展簿

4. 客观调研

客观调研是围绕服务对象展开，其调研内容和方向往往在任务书中有所体现。创作者需要从客户的角度出发，客观地收集相关信息，以便更好地满足客户需求。为了帮助创作者了解服务对象的需求、愿望和期望，更好地分析其所处环境，调研时需要考虑人们在视觉、触觉和评判方式上的认同感，文化、地域的差异性，以及目标受众最重要的未满足需求。这部分调研内容可以通过访谈、问卷调查和实地走访等方式获得，在分析和评价调研素材时，创作者应该保持客观中立的态度，并紧密地结合品牌文化脉络、地域文化特色、现代生活方式，以及纺织领域未来趋势。同时，区分实际使用者和购买者也很重要。了解客户和消费者之间的差异能够更准确和更有针对性地调查研究。图2-12是一位学生利用各种视觉素材构建的用户画像，其中包括围绕该客户形象的各种生活相关元素，如服装款型织物偏好、文学艺术作品喜好、业余爱好和生活场景的展现。这些有关服务对象的客观调研可以指导学生在接下来的项目筛选素材、指导设计发展。

由于分类方式的不同，调研信息被分为了一手、二手调研和主观、客观调研，它们之间是相互包容、相互影响的关系。一个艺术设计项目中需要包括以上所有调研内容，同时需要寻找适合的方法和渠道获得相关调研内容。一手调研和主观调研需要发挥创作者自身的创造力和观察力，二手调研和客

图2-12 服务对象调研及用户画像呈现，闫佳昱

观调研则需要创作者对知识、数据和信息的搜寻，以及归纳总结整理的能力。接下来将介绍一些工具方法，帮助创作者更好地展开调研工作。

（二）调研的方法

1. 灵感收集发展簿

灵感收集发展簿（sketch book）是艺术家和设计师调研信息的载体，是开展艺术设计项目的重要工具。因为它的服务对象是创作者本身，所以选择何种尺寸、大小和形式的灵感收集发展簿取决于创作者的工作方式和使用习惯。为了有更多空间展现和提取调研对象的细节，不适宜用太小尺寸的灵感收集发展簿，需要选择A3以上的大小。如果希望随身携带进行观察写生或随行记录，则不要超过A2尺寸。可以选择一个装订成册的本，或者是一些单独的卡纸松散固定，如图2-13是艺术家李佩琪的灵感收集发展簿（参见附录彩图6），她使用了不同尺寸和材质的纸张进行信息收集，再利用曲别针和夹子对其固定。本的好处是可以一页一页地翻开使用，还可以在两页之间做些文章；卡纸的好处在于可以打破它们彼此间的顺序，在项目的最后阶段重新对其进行整理，而且也可以把这些卡纸摊开来一起观察，从中寻找一些关联和有意思的部分，有利于对所有内容进行全局审视。制作灵感收集发展簿时，需要选择稍微有点厚度和具有吸水性的纸张，因为需要在灵感收集发展簿里进行各种试验，可能会使用

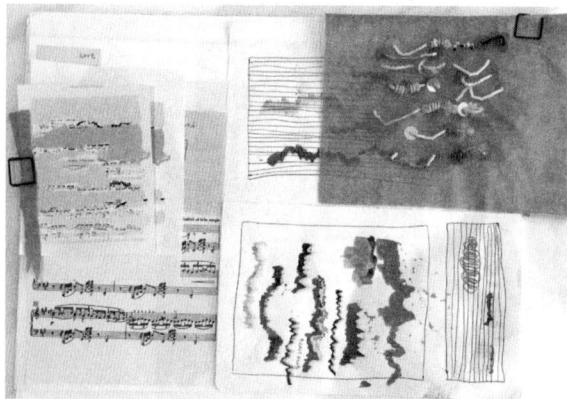

图2-13　松散固定的灵感收集发展簿，李佩琪

图2-14　多种媒介手法的观察绘画，姜怡秀

各种各样的画材、媒介，或者对其来回地翻看。过于脆弱的纸张会在还没完成这个项目时，就被翻烂了。

2. 观察绘画

观察绘画是重要的调研手段，是创作者通过自身感悟对调研对象进行描绘和输出的方法。观察绘画不在于对调研对象真实的反映，而应该体现观察者从观察对象中获得了哪些信息。绘画工具的选择十分重要，不同的绘画工具材料会带来不同的视觉启发。需要在灵感收集发展簿中进行练习和探索，这个过程将真正帮助创作者创造性地思考如何使用不同工具材料进行绘画，以更好地表达被观察对象的特征。图2-14是一位学生用色粉、丙烯、水彩、硫酸纸在其灵感收集发展簿中对花卉植物进行的观察绘画（参见附录彩图7），这些工具和材料的选择很好地帮助该学生表现调研对象特征。由于观察方法和工具的不同，也提供了各种不同的灵感启发。尽可能多地收集"绘画材料"，可以先从显而易见的东西入手，如不同种类的钢笔、铅笔、记号笔、颜料、粉笔、蜡笔等。然后仔细观察，收集其他可以用来做标记的东西，比如蜡烛会产生蜡状的标记，可以抵抗油漆；刚摘的叶子或花瓣可以在纸上摩擦产生绿色、黄色、红色等颜色。甚至可以通过将土壤、咖啡或茶与水混合来制作自己的颜料。观察绘画涉及两方面的内容，一是画出你所看到的东西。为了较好地表现调研对象，需要在一开始对其进行仔细观察和思考，它是坚固的还是易碎的，轻盈的还是沉重的，透光的还是反射的，然后根据这些特点选择合适的绘画工具。二是对绘画媒介本身的观察。这是一种在没有特定形式的情况下绘制抽象标记的过程，可以尝试在油画棒上使用铅笔和水彩，或是尝试在铅笔上使用色粉。然后观察二者质感上的区别，你更喜欢哪种效果？会给你何种启发？把这些反思内容都记录在相应的绘画实验旁。无论哪种内容的观察绘画，都需要不断地尝试和大量地探索，让灵感收集发展簿中充满颜色、标记、各类媒介和笔记。

3. 拼贴

我们通常认为拼贴（collage）就是将各种照片粘贴在页面或灵感收集发展簿中，但拼贴手段其实蕴含更多内容，包括观看、收集、截取、粘贴、绘图、记笔记、建立联系、思考、涂鸦和发现。拼贴是许多设计师和艺术家在进行调研信息整理和头脑风暴视觉转化时会使用的手段，通过视觉意象的截取，以及组合形式的构建，散乱的元素间逐渐形成新的相互关联和故事氛围。图2-15的拼贴来自一位同学的灵感收集发展簿，受到"拥抱"和"流动"这两个词的启发，该同学收集并截取了大量图像素材中的相关信息，并凭借直觉，以具有形式感的方式搭建起各种元素间的相互关系，在这个过程中寻找意想不到的组合和联系。可以从杂志、地图、照片、纪念品、报纸、明信片、包装纸或漫画等素材中剪下图像。图像的选择可以完全随机且不拘一格，或者可以利用头脑风暴中的关键词引导素材的收集方向。当开始将图像粘贴到页面或灵感收集发展簿中时，你可能会决定进一步切割图像，改变它们的含义并使用图像中的不同元素，不要害怕剪切或混淆图像，这里没有对错之分。这个过程一开始可能看起来很随意，但图像间新的组合方式将会激发创作者的想象力，唤起记忆、想法或视觉故事。在不知不觉中，把图像连接在一起，形成有倾向性的主题氛围或设计元素。尽可能多地尝试将各种混合媒介拼贴在一起，还可以在拼贴旁以文字形式记录随时产生的想法，跟随自己的直觉。拼贴的目的是让想法流动起来，并享受在灵感收集发展簿上工作的过程。

4. 摄影

摄影是一种快速记录和收集信息的手段，随着智能手机拍照性能不断提升，"随手拍"成为一种生活方式。但作为调研的工具，如何利用摄影去收集信息，以及收集怎样的

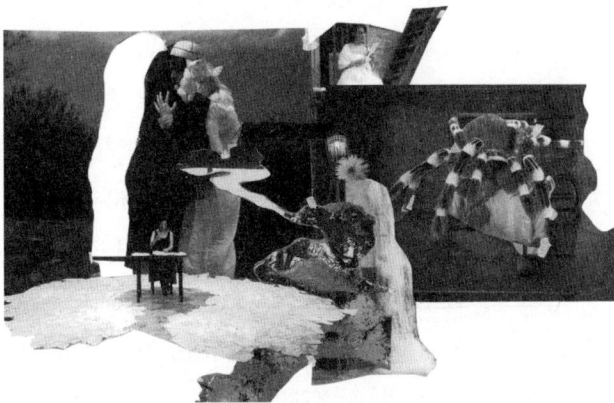

图2-15　利用拼贴构建各种元素间的关系，王汶宁

信息是需要创作者进行思考的。无论是相机还是手机记录的静态图像或动态影像，都应该是可以激发灵感的，有助于进一步推进项目的内容。在面对调研对象时，需要考虑为什么要选择摄影作为这一对象的收集工具？摄影与其他媒介相比是否具有独特优势？同时，也需要对镜头内所捕捉的内容进行思考，比如如何构图，是否要使用特殊滤镜，以及不同光圈的效果等。摄影设备为我们提供了另一种独特的观察周围环境的视角，图2-16是作者通过相机对生活中不同深浅的绿色物体的质感、图形和层次进行观察的记录。这些物体的轮廓或整体并不是主要关注对象，纹理和表面视觉信息才是她希望获取的内容。所以，摄影并不是一种简单的临摹或对观察对象完全的还原，它是创作者视觉的延伸，我们应该充分利用其优势特点，富有思考和创造性地获取视觉研究数据。在选择摄影工具时，也需要考虑自身需求和工作习惯，智能手机是否可以满足你对影像、画质的要求？还是需要更专业的摄影器材？动态影像是否是你主要的捕捉对象？等等。

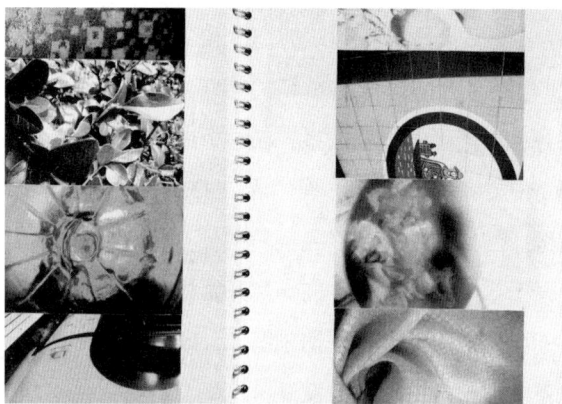

图2-16 通过摄影技术对生活素材进行颜色、质感、层次、图形方面进行观察和截取，田园

5．计算机

计算机辅助设计和绘图（CADD，Computer-Aided Design and Drawing）是用自动化过程代替手动绘图。随着科学技术发展，计算机越来越多地介入艺术家和设计师的创作过程。我们可以利用它浏览网页，收集信息，欣赏和处理图片与影像素材，优化设计稿件，进行设计发展。Adobe Photoshop、Illustrator和In design等计算机软件变得越来越智能和易于操作，可以高效快捷地帮助创作者将调研素材进行整理、完善、发展和组合。如图2-17所示，这位同学先利用摄影的方式记录了手势与光影的关系，并用颜料从中提取出抽象符号。然后通过Photoshop对这些符号进行了剪贴、改变颜色、调整肌理和创建不同画面图层组合。作者并不是直接在计算机上绘画，而是利用计算机对之前的视觉信息调研进行了优化发展。过于依赖计算机可能会导致创作形式和媒介的同质化，缺乏对于质感、层次、肌理、体积、比例等内

容的观察、探索和表达，但这些内容都对纺织品艺术设计至关重要。同时，利用计算机网络进行调研是一种更为快速有效的方式，可以在短时间内放眼全球，搜集海量信息和资源。但调研时不能只依赖于互联网，很多有意思的资源或知识无法通过网络获得，比如材料的触感和气味，艺术或设计作品的体量感和立体效果。而且，在调研过程中总会发现有些图片的出镜率特别高，因为网络和大数据会根据流量或浏览者喜好推送内容，到头来并不是你去进行调研，而是网络告诉你该看什么，现在在流行什么。所以善用计算机能提高工作效率，但要尽力发挥其优势，与其他的调研工具和方法联合使用。

图2-17　利用计算机设计软件剪切、拼贴和处理图像将调研
素材转化为印花元素，匡曾志

第二节
主题形成

一、主题的概念

　　一个项目的主题决定了后续展开创意工作的方向。同时，项目主题也是艺术家或设计师与客户、使用者或观看者进行沟通的契机。艺术家和设计师的主要工作是对一种气氛和故事性进行营造和把控，以此来引领其服务对象

从一种新的视角去观看，去发现更多的可能性。就像每个成功的品牌都具有非常强烈的故事性和气氛感，消费者往往会因为这种故事性和气氛感去选择这些品牌。因为当消费者拥有了这个品牌的某件产品时，就会觉得自己跟该品牌所构建出来的某种气氛产生了联结，并因此获得满足感和认同感。

另外，项目的主题其实也是设计师和艺术家一种表达自我观念的手段。正是不同的项目主题让不同的艺术家和设计师形成他们独特的风格，与其他人区分开来。可能有些创作者就是喜欢非常女性化的、经典的设计如高级定制、黑白小礼服裙。又或者有些创作者认为那些已经过时，需要更多科技感、未来感和中性风的融入。这些不同的理念就会形成他们独特的切入点、风格和项目主题，然后创作者们会基于此，通过各种感官气氛的营造和探索，更具象地表达和呈现该主题，让大众接受其观点，分享其新颖的角度，有趣的视觉刺激，找到志同道合的那群人。图2-18是一组课堂练习，同学们利用各种视觉素材构建主题氛围，这些素材来自杂志、书籍、个人摄影，以及实物材料。通过不同素材间的相互补充，项目的主题氛围逐渐显现，它包括在做纺织品设计时需要的各种元素，如颜色、比例、肌理、结构和故事等。

图2-18 主题氛围的构建，课堂练习

二、项目的分类

如何制定主题往往取决于艺术设计项目的性质，这里将主要介绍三种类型的项目：任务书型、落地或商业项目和个人项目。这三种类型并不能被完全地区分开来，彼此间存在交叠的可能。但我们可以根据这样的分类更好地理解项目主题的制定策略及最终呈现形式。

（一）任务书型

任务书型通常是指在一定的约束条件下，如限定时间、资源、类型或环境，具有明确目标的项目。这些要求和约束条件会被详尽地书写在任务书中，艺术家或设计师需要根据任务书要求展开创意实践。这一类型的项目往往出现在艺术设计大赛、课堂作业或有服务对象的情景中，组委会、老师或客户会列出许多要求或指导方针，在整个设计过程中，创作者都必须对其进行考量。例如，一个时尚纺织品任务书项目可能会要求设计者根据特定趋势、配色或者廓形开展设计工作；一个家居任务书项目可能会要求设计者根据某一具体空间体量、功能和用途展开设计。

（二）落地或商业项目

落地项目，也可以称为"商业项目"。这类项目不仅包含有任务书型项目的特征，还具有更直接和紧密的产业连接。艺术家或设计师需要更为实际地考虑作品的可实现性和商业价值，并找机会专注于相关商业主题。创作者需要积极地与其服务的产业进行交流，进行实地走访以获得更为准确和及时的反馈信息。

（三）个人项目

相较于前两个类型，个人项目留给创作者更为自由的创意空间进行探索。艺术家和设计师可以根据自身喜好选择项目开始的切入点，并自行制定项目要求。切入点可以是一张图片、一首诗歌或一段经历，艺术家和设计师可以通过独特而富有创意的视角，使项目充满个人特色。在没有限制的创意实践过程中，艺术家和设计师可以毫无顾忌地进行自我视觉语言的探索，并以此抒发个人情感、兴趣和观念。

三、主题版的形成

在头脑风暴给出方向，并根据方向展开多种调研之后，就需要开始把一些调研的内容相互结合，在灵感收集发展簿中进行大量实验，更深入地提取、筛选和发展，这些部分将是主题气氛版的基石。艺术设计项目的主题是引导设计发展和最终产出的坐标和框架，是彰显创作者意识形态、审美层次、品位兴趣及文化属性的载体。主题版是根据主题内容高度凝练的视觉呈现，每一张视觉图片或每一行文字描述都应经过深思熟虑和精心筛选，其内容既体现出现实生活本身所蕴含的客观意义，又体现出创作者对客观事物的主观认识、理解和评价。好的主题版在激发创作者的设计欲望与表达欲望的同时，还可以引导服务对象，达成视觉的交流（visual communication），言简意赅地展现出主题中所蕴含的有关颜色、材质、造型、叙事等一系列主要内容。版面形式可以依据创作者喜好、风格随心所欲，其内容必须清晰地表达一种情绪、氛围或阐述一个故事。

一般情况下，主题版是在一些灵感收集发展簿上面进行了尝试以后，才慢慢形成的，而且它会随着调研信息的逐步扩充和设计发展，发生一些变化。需要挑选出灵感收集发展簿中最有意思、最能带来灵感和最能激发创作热情的氛围元素，然后把它们放在一起形成主题版。主题版的最终形式也需要经过一些尝试和探索，可以利用不同媒介进行主题版的构建，并进行自我反馈和评价。练习时还可以征求他人意见，询问对方是否仅通过主题版就可以理解项目表达的理念、氛围和方向，通过这些过程逐步对主题版进行优化。图2-19的课堂练习中，主题版不一定仅包含有二维的图片，还可以包含物料、工艺样片等内容。该组同学尝试利用二手调研图片、观察速写、工艺样片、特定材料和颜色卡一同构建出主题版。下方的针织样片正是从该主题版中的各种元素发展而来，可以看出织物设计与主题氛围的相关性。

主题的形成方法大体被分为三种，即概念法、叙述法和抽象法。创作者可以根据这三种方法更好地规划主题版中的内容及其呈现形式和风格。当然，也可以更灵活和自由地运用这部分内容，形成自己的工作方式。

图2-19 主题版与样片发展，课堂练习

（一）概念法

艺术设计项目的主题可以由一个已有或被重新创建的概念形成，这要求创作者具有广阔的知识储备，不仅在自己本身的专业领域，还需要跨学科对其他学科领域有所涉猎。从哲学、心理学、数学到政治、经济学，各领域中都蕴含着各种各样的概念框架，创作者可以通过横向思维创意性地利用这些概念激发有关视觉、触觉或其他感官的艺术设计灵感。当然，创作者也可以在参考大量文献后，通过解构的手段将不同的概念进行杂糅，或加入自身的主观理解，形成新的概念，以此主导后续艺术设计的创作。图2-20是作者以极简主义的概念为出发点构建的主题版。除了在当代艺术语境下对极简主义的概念解读，作者还延伸出"去时间化"（timeless）的概念，以及朴素的审美情趣。几何图形与"去时间化"的功能性服装结合，时间在材料上留下痕迹，又被人修补如新，一个概念引出的其他概念被重叠在一起，作者希望借助纺织实践向大家展现一种极简主义影响下的现代思维方式和生活方式。

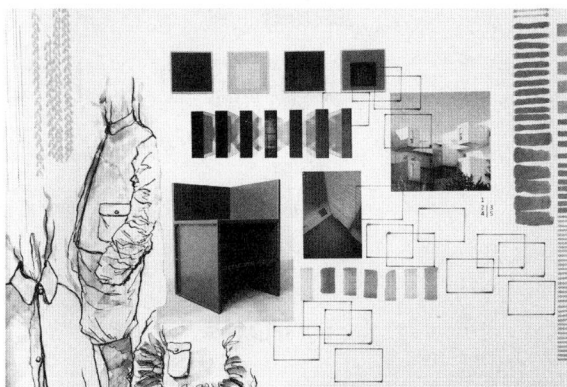

图2-20　去时间化，田园，
概念法形成的主题氛围版，2014年

（二）叙述法

主题不一定是静止或被截取的片段，它也可以是流动的故事，包括一段时间、经历和过程，以及在此期间的个人感受和心理生理上的变化。设计师和艺术家可以通过叙述法展开对这段内容的描述，并通过流动的故事唤起感官方面的形象和参照，艺术设计作品成为故事叙述的载体和手段。图2-21是艺术家托雅以一则寓言故事——《欲望之子》（*The Child of Desire*）为主题构建的主题版，她将自己在阅读故事时的主观感受，以及对寓言中出现的各种意象的联想进行视觉转化，形成主题版中的各种元素，包括形态、质感、细节、材质和色彩（参见附录彩图8）。采用叙述法构建主题时，可以对事物的叙述内容及其方式加以利用，以此展开思索，形成项目理念的表达。动态影像可以更好地帮助创作者对临场感受进行记录，提供视觉素材的同时伴有其他感官记忆，也许是叙述法主题的优选调研手段。

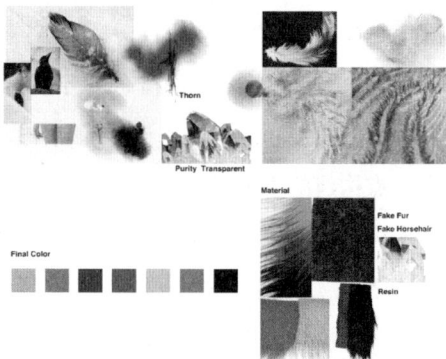

图2-21　欲望之子，托雅，叙述法形成的主题氛围版，2019年

（三）抽象法

抽象法就是利用隐喻的手法用一个意象暗指另一个理念或想法，再通过这些理念和想法拓展更多的调研思路。任何一个词或一个图像都可以作为激发创作者灵感的原点，可以选择几种不同的元素，然后通过自己的角度和方式把它们组合在一起，也许就会出现非常有意思和新颖的主题气氛。图2-22展现了一位同学利用抽象法形成的主题氛围。她的主题版中大量使用各种深浅的蓝色图像，营造出一种悲伤忧郁的整体氛围；蝴蝶的形象是其主要的隐喻对象，借以表达蜕变与重生，以及一种不现实事物的象征；烟雾、透叠、龟裂和光影的图像更加强调出主题亦真亦幻的不稳定感（参见附录彩图9）。版面上每一个视觉意象的抽象解读都会延伸出后面有关纺织品创意实践的方向，包括色彩的搭配、材料的选择、图案的形成，以及工艺的实验。利用抽象法形成项目主题需要创作者具有强烈的个人意愿和主观表达能力，所有的意象选择和解读方法都由创作者自身根据喜好和经验决定。

总之，不需要过于纠结一个项目的主题，任何事物、图像、概念或经历都可以成为选择目标，唯一需要注意的是，它能真正激发出表达意愿和创作热情，是真正令人感兴趣的内容。同样的图像素材，因为不同的创作者不同的知识背景、喜好风格，以及不同的关注点和表达诉求，也会出现各种各样风格迥异的解读手法和设计产出，这是很有意思的地方。在构建主题的过程中，去寻找一些自身喜欢的、感兴趣的事物和元素，可以将元素控制在五个以内，把它们融合在一起形成一个完整的故事氛围，如果元素太多或者太过繁杂，可能会让人不太清楚这个主题究竟想要表达什么，无法达成视觉的有效交流。

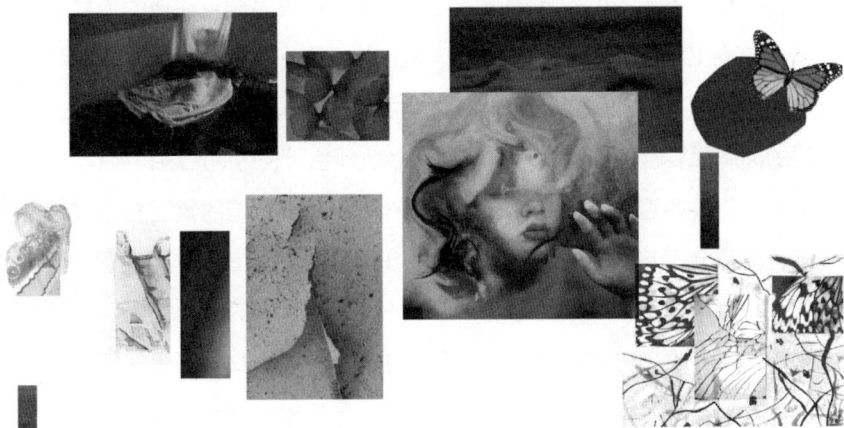

图2-22　化茧成蝶，吕梓萌，抽象法形成的主题氛围版，2022年

第三节
设计发展

一、设计发展的概念

　　设计发展（design development）是一个从抽象概念，到具体设计元素，再到设计样片或样稿，最后发展为更精致、更清晰的艺术设计产出的过程。创意工作者们在做项目时，不仅是在做一个单一的作品，还希望通过一系列纺织品的呈现，营造一个统一的主题气氛。设计发展就是一个不断调和、筛选、评价、修改和明确的过程，其中涉及影响织物最终效果的多方面内容，包括颜色、材料、工艺、图案和形式等。经过大量调研工作以后，我们会提取出各种各样可以被用于艺术设计的元素，它们可能会呈现出比较零散的状态，彼此间没有什么联系。因此，设计发展这一步骤并不是要再产出新的东

西，而是把已有的、这些散乱的内容进行深度发展，从而形成一个完整系列，以回应主题版上呈现内容的过程。

在对项目中的颜色元素进行发展时，需要首先回答这样一个问题：该项目是否需要很多色彩？有些设计师可能不喜欢用很多颜色在他的项目中，比如三宅一生（Yohji Yamamoto），由于他创作重点在于服装的廓形和剪裁，所以他几乎每个系列的配色基本以黑白为主，以此强调和凸显服装结构，这就是他的品牌想要营造的感觉，这就是他借助颜色所表达的主题和观念。所以，一个项目想要表达的主题是什么？重点在哪？想要营造的氛围是什么？这些问题可能都会影响该项目颜色的发展。在学习阶段，可以挑战一下自己，多去尝试一些颜色组合风格的练习，想想不同的颜色被放在一起以后是否会相互影响，或者改变它们单独出现时给人的感受。图2-23展现了如何进行颜色的设计发展，从收集到的视觉图片中尽可能多地提取出感兴趣的颜色，再从中选出符合主题氛围的颜色，可以借助主题版中主要的颜色倾向进行判断，最后需要对备选颜色进行配色和比例的讨论（参见附录彩图10）。从主题版右侧的色彩发展中可以看到同样一组颜色，通过调整其搭配形式和比例关系，可以展现出不一样的季节、重量、气质和氛围感。

材料样品或样片的设计发展需要基于大量的材料调研和工艺实验。在收集材料时，不管得到的材料或者料卡是什么形式，都需要对它们进行详细记录。需要知道它们的名字、价格、成分、属性等相关信息，这样以便于随后选定并购买它们，同时可以建立自己的材料知识库。除了收集材料，利用收集来的材料进行工艺实验也是必不可少的步骤。通过与材料实际的接触获得主观感受是一种很好的学习方式。图2-24展现了刺绣设计师吴

图2-23　颜色的设计发展，王睿

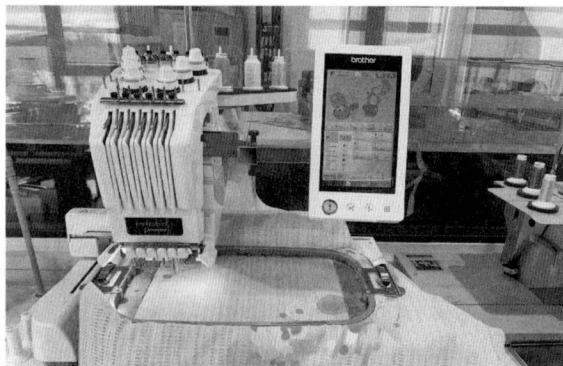

图2-24　电脑刺绣实验，吴冯婧涵，PE design，织物、尼龙缝纫线，2021年

冯婧涵利用电脑绣花机进行材料和图案实践的场景，纺织品设计师和艺术家需要通过上手实践检验其设计设想，根据实践结果不断修改和发展，使设计得到优化。区别于仅仅观看材料外观，亲自上手实践可以获得对材料的敏感性和更深刻的专业知识，因为在操作和使用中，创作者会产生自己的设计语言和观看方法，它们将进一步引导设计发展。通过不断地练习和操作，创作者获得独立思考材料应用的可能，这为织物设计和创作方式创新提供了方向。

一些纺织品创作者的最终设计产出就是系列织物样片，另一些创作者则需要将其承载于具体的媒介上，如服装、产品、建筑或交通工具等。纺织品设计如何被应用在这些媒介上，以何种比例，在哪些位置，用何种形式也都是设计发展这一步骤需要讨论的内容。图2-25来自创作者的时尚纺织品设计项目作品集，其中展现了利用织物样片引导服装廓形设计发展的方法。作者将同样两块织物样片放在人台的不同位置观察效果，通过拍照、绘图和文字的方式记录，并讨论了其形成的服装款式（参见附录彩图11）。在时尚纺织品设计中，不仅需要对织物本身进行设计发展，织物在服装上的应用位置、面积大小、比例关系及配色方案等内容也都是设计发展所需包含的内容。

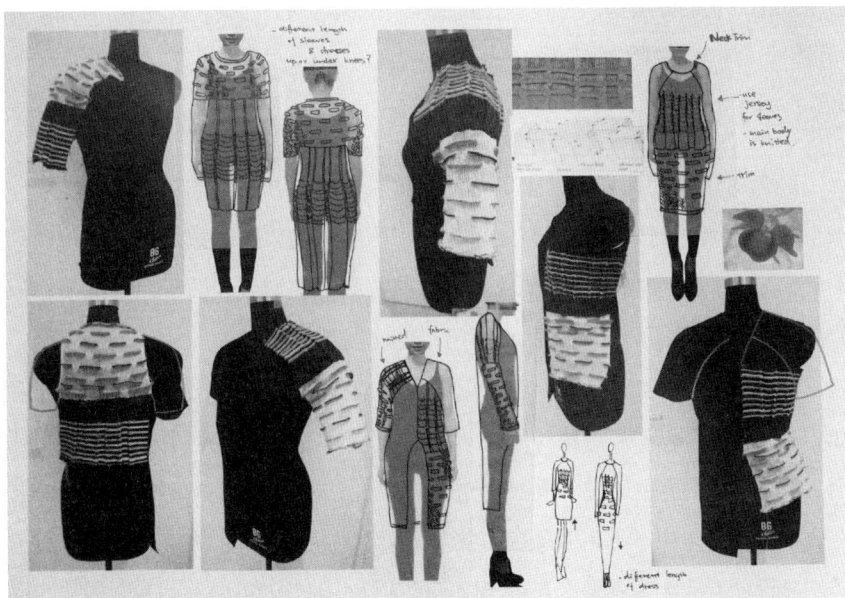

图2-25　时尚纺织品设计中的设计发展，田园，2012年

接下来将从具体内容出发，介绍设计发展的相关方法，借助这些方法创作者们需要一遍遍地练习、发展出自己独特的工作方式和设计风格。当真正认真地参考这些方法完成几个艺术设计项目以后，就会发现自身各方面能力的提升。

二、设计发展的方法

设计发展的过程重点在于将创意、新鲜有趣的想法，很有意思的视觉输出方式，以及对不同材料和工艺的兴趣和敏感度落实到具体的纺织品艺术设计上。同时，在一定的主题氛围下，展现出整个项目从调研到设计发展的思考过程。创作者的决策力、目标有思考地对项目内容进行编辑、取舍，对不同元素平衡的掌控能力等，都是在设计发展过程中可以被训练到、得以被体现的个人专业素养。在学习的时候，需要在这个过程中找到一些适用于自己的方法，而不是机械地背诵某些知识点，或者专业术语，因为死记硬背无法真正掌握艺术设计的方法，也无法从中发展出自己的风格和策略。在进行设计发展时，对调研素材进行观察、分析并提取出相应设计元素是非常重要的手段，这些元素将是最终设计产出的基础。接下来将基于五个影响纺织品设计的关键领域进行逐一的方法介绍，它们分别是：色彩、表面肌理、组织结构、图案和外观。

（一）色彩

颜色对于一个系列设计来说可能是第一眼就会注意到的部分。可以想象一下，在逛街的时候，让顾客走近某一家服装店的原因多数是店内陈设商品的颜色。人们很难在一开始就注意到这些服装的廓形或表面肌理等细节，但整体色彩的搭配氛围，就算站在店门口也能轻易捕捉到。

利用实践调配颜色是学习色彩基本原理、色彩关系或色彩情绪等专业知识的有效手段，需要从动手的过程中感受和学习颜色，并与颜色互动。图2-26展现了学生通过不同画材进行调色训练的场景（参见附录彩图12），在这个过程中学生掌握色彩原理，并考虑颜色与材质之间的相互关系，这对于纺织品设计专业尤为重要。在做丝网印的时候，创作者需要去调和色浆从而得到自己需要的颜色；在进行机织或针织时，需要一些比较特殊颜色的纱线，也

图2-26 调色、配色训练，课堂练习

需要自己尝试染出来；就算是做数码印花，也需要通过打样不断进行调色，因为屏幕上所看到的颜色很多时候和实际生产出来的是不同的。如果创作者不知道基本的色彩原理，或者对颜色没有任何感知力，以上这些工作就很难进行。

对颜色的观察和分析是纺织品设计项目中极为重要的部分。创作者通过自己的眼睛可以捕捉各种各样、数以万计的色彩。如何利用它们表达项目主题、营造氛围感是首先需要思考和实践的工作，要以一种创造性的方式让颜色帮助创作者讲述故事。每一个颜色都会给人不同的主观感受，比如红色会给人热情、兴奋、攻击性、炙热的感觉，蓝色会给人清洁、理性、知性、冰冷的感觉，但如果将蓝色和红色搭配在一起又会给人活力和运动的感觉，调整蓝色和红色的比例关系又会出现更多细节的变化。在考虑颜色时还需要从文化的角度出发，不同的文化对于同一种颜色也会有不同的解读，比如西方认为白色是纯洁、神圣的象征，结婚时新娘会身着白色婚纱；而传统中国文化中，结婚时的喜服则以红色为主。所以在进行色彩的设计发展时需要多花一些时间，使用调色板创造出具有个性的颜色，同时赋予这些颜色意义。不仅要单独考虑颜色，更需要考虑颜色之间的相互影响关系。

对眼前收集的颜色，需要不断地进行观察和分析，挑选颜色时，可以从以下几点进行考虑：项目想营造的主题和氛围是什么？项目季节是什么，是春夏还是秋冬？用户是谁，他们有没有特定的色彩偏好？最终产出品的应用环境是什么样的？因此，选择的颜色需要体现主题且可以很好地回应以上问题，当然这不是唯一的选择，创作者可以通过自己的角度对想营造的气氛进行解读，然后形成一组可以表达出该气氛的颜色方案。图2-27展现了一位同学的色彩发展，她通过不同的配色方法、比例搭配和展现方式讨论了同一组颜色的不同感觉，并以此指导其针织样片的发展（参见附录彩图13）。

图2-27　色彩发展，张天爱

前文介绍过，可以从任何给予色彩灵感的视觉素材中提取颜色。当然，也可以从调研的视觉图片中剪出需要的部分，或者将不同的图片进行组合，以此启发对颜色的选择。尽量使用一种绘画工具绘制色彩，这样可以把所有的注意力都放在观察和分析颜色上，而不会被各种各样的质感干扰。在提取颜色和挑选颜色的时候，需要有比较好的光线，这样可以对颜色有较为准确的判断。根据之前的几个问题，尽量多地进行颜色搭配和颜色比例的尝试，颜色、搭配讨论和颜色比例的讨论最好分开进行，放置在不同的页面上，让色彩之间不要相互影响。

（二）表面肌理

表面肌理（surface texture）包括织品的质地，是一种物质的纹理结构所呈现的形态，是由不同的材质和不同的处理手法形成的，集质地、形式于一体的，不可分割的概念。相同的颜色，不同的表面肌理会营造出完全不同的感觉。纺织品项目的调研中会涉及大量通过触觉和视觉收集到的肌理信息，不同的表面肌理会引发人不同的感受，以及与之接触的欲望。回到灵感调研中，思考哪些素材启发了有关表面肌理的想象？根据主题总结出想要营造的质感肌理的关键词，比如透叠、硬挺、有光泽感、粗糙或柔软舒适等，并用各种方式进行观察、提取和表达。还可以把这些质感再结合到颜色方案中。

　　在对表面肌理相关调研素材进行观察和分析时，需要利用各种绘画媒材，以混合媒介的方式提取设计元素，并对其进行发展。这里没有所谓"正确"的绘画方式，其目标并不是对调研对象写实化地再现，而是对不同绘画媒材的特性加以利用，获得有关表面肌理的灵感，并对其进行实验和检验。我们甚至无法用"绘画"一词概括表面肌理提取和发展的方法手段。因为有时这一过程并不涉及传统绘画技巧，它充满着变数和高度的想象力与创造力。如图2-28所示，作者利用摄影定格了波光粼粼的湖面呈现出的色彩与光影的变化，这一视觉素材启发了她对表面肌理的多种联想。揉捏后的银色塑料包装纸，通过乳胶沾粘固定，乳胶的痕迹又在反光的材质上留下似液体的效果。丙烯颜料和铝箔纸的组合构成她联想的另一种形式，银色的铝箔纸经过团揉呈现出如图片上水面的效果，用丙烯颜料在上面的涂抹又是对光影色彩的捕捉（参见附录彩图14）。图2-29中，作者则直接利用织物来进行表

图2-28　表面肌理的调研及提取，田园

图2-29　表面纹理实验，田园

面肌理实验。她通过线迹、打褶、捆绑和热压转印的手法，在织物上呈现出对博物馆中陈列的瓷器肌理细节和颜色不同尺度的观察（参见附录彩图15）。创作者需要仔细地观察和感受被调研事物，巧妙地选择相应的分析和提取方法与材料，以更好地表达其表面肌理效果，激发纺织品后续材料和工艺的选择。

触觉与视觉两种感官下的表面肌理是否统一也是很有意思的讨论发展内容。图2-30的系列样片实验，展现出视觉与触觉的错位体验。设计师以热压的方式将针织面料的表面效果转印在光滑的PVC面料上。视觉上，观者感受到的是针织结构和材料带来的粗糙感，但触觉上却是顺滑平整的PVC面料。可以利用扫描仪和照相机获得这种错觉的表面肌理素材，通过拼贴将它们组织发展。触觉和视觉的表面肌理观察体验对于纺织品创作者非常重要，视觉肌理可以为印花设计师或艺术家带来创意启发，而触觉肌理可以引导机织和针织创作者对材料和结构的想象。

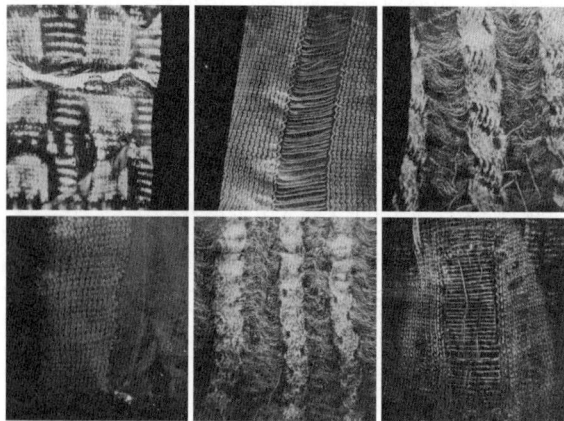

图2-30 针织结构在PVC面料上的转印实验，田园，2014年

最后，在对表面肌理进行发展时，还可以考虑不同的肌理组合效果。图2-31展现了一位学生在进行时尚纺织品设计时，对整套服装表面肌理效果的考量。纱质面料给人轻盈、流动和柔软的触觉感受，打褶工艺的加入改变了纱质面料原本的质感，让其变得厚实并充满肌理感。这位同学利用相同材料的不同面貌对比，构成了其服装故事的叙述手法。纱质面料每种状态间比例关系的拿捏对于项目气氛的输出显得尤为重要，该学生通过样片拼贴和绘画的多种手法对这一内容进行了发展。

图2-31 不同的纹理组合尝试，王汶宁

（三）组织结构

织物的组织结构大体被分为四大类，它们分别是机织、针织、皮草和无纺。

1. 机织结构

机织结构主要是由横竖交织的经纬线编织在一起所形成，可以通过改变经纬线相互交叠的顺序和间隔形成不同的交织结构，从而得到不同质感和特性的织物。

2. 针织结构

针织结构是由纱线形成一个一个线圈，并相互串套链接而成的织物，因此，线圈为构成针织物的基本结构单元。因其特殊的结构，针织物的性能与机织结构不同，其纱线不定向到任何方向，使它更为柔软且具有弹性和延展性。但针织物的弹性也受到线圈密度、材料，或具体针织结构的影响。

3. 皮草

皮草并不是一种人工结构，它来自动物的皮肤和毛发。在使用动物皮毛作为创作对象时，需要考虑各类皮的特性和大小，比如牛皮比较硬，整块可使用的面积较大，羊皮则比较柔软，由于其身型，可使用面积较小。随着人们对动物福利的重视，越来越多的纺织品设计师投身于人工仿制皮草材料的开发中如设计师张懋浵的《无皮》系列（参见图1-21），仿真皮草被视为传统皮草的动物友善替代商品。

4. 无纺结构

无纺结构是指那些不包含"织"这一步骤的，不属于机织、针织或者皮草这几类结构的材料，比如羊毛毡，就是用羊毛，通过一些工艺步骤，如搓洗，让纤维上的鳞片互相纠缠而形成的面料。乳胶面料、PVC面料等都属于无纺结构的材料。

在开展组织结构的灵感调研时，对调研物进行仔细剖析非常重要，比如，观察单一建筑物的外部轮廓，除此之外，还可以对相邻的不同建筑结构之间的关系进行记录，又或者进入建筑物内部，对其内部结构以及内外部结构链接展开观察和分析，这三种从不同视角收集信息的方式就构成了"建筑"这一主题下组织结构发展的方向。图2-32展现了作者对建筑物内部钢架结构的分析提取手段，折纸是对屋顶结构的再现，不同质感纸条的拼贴有

图2-32　结构调研及提取：混合媒介，田园

图2-33　结构调研及提取：绘画，课堂练习

助于对散乱的金属交织结构进行凝练。通过切割、折叠卡纸的三维实验，增加了空间尺寸的维度，将光影对结构的影响引入。除了对线条的考虑，线条间形成的三角区域的相互关系，也给了作者有关缝合结构的启发，并利用白坯布与线迹对其进行了再现。

　　直接在纸上绘画也是捕捉结构基本特征的优选方法，绘画过程会留给创作者足够的时间去观察眼前的物体。人类所处的周遭环境为创意工作者提供了大量的结构参考，它们具有各种各样的不同形式，有紧密稳固的，有松散凌乱的，不同的形式可以以不同的绘画方式和媒介进行描绘、记录。图2-33中，这名学生对身边杂乱的日常用品进行了观察绘画。他用蜡笔和马克笔，以连续的、富有节奏的线条描绘了不同物品相互堆叠形成的穿插关系，又以水彩的色块和线条梳理出物品前后的空间关系。需要根据自己的项目主题及所创作的纺织品类型，用不同的媒介捕捉不同的结构视觉信息，它们可能是实用性的、功能性的，或者是装饰性与图案性的。

　　在进行组织结构发展时，需要利用工艺实践思考实际的三维结构，尝试不同的材料、颜色和比例对该结构的影响。图2-34展现了作者如何将建筑物的表面结构转化为针织工艺结构。在谈及组织结构的设计发展时，人们往往认为只有在进行针织物和机织物创作时才会涉及。其实，对于纺织品的印花设计角度而言，织物的组织结构也会对图案的比例、透视、线条和光影等因素造成影响，它们之间具有较强的关联性，组织结构与表面图案的相互合作还可以给人带来错位的视觉体验。在发展过程中，也需要考虑如何综合利用相关结构，图2-35中的这组针织样片，创作者们利用手工钩编将针织工业横机织造的样片相互连接，形成交错的结构方向、疏密的纱线变化与不同的结构比例。通过组织结构的组合与发展，给人意想不到的感官体验。

除了对织物本身结构的实践，通过实践的方式收集其他领域的结构信息也能启发纺织品的创作，同时获得跨领域的专业知识。图2-36中，作者通过动手实践的方式探索服装中袖子的结构原理。纺织品与服装有着密不可分的联系，两者共享着许多工艺技法，这种实践学习除了可以对服装结构加以理解，还可以从中获得有关织物结构的灵感信息。

图2-34　结构调研及提取：工艺实践，田园

（四）图案

图案是纺织品设计中非常重要且应用广泛的内容，很多纺织品设计师都会专门从事图案设计的工作。在图案设计中，创作者需要考虑各种线条、色彩、符号，以及它们象征意义的相互关系。图案通常是由按照一定间隔和规律重复排布的相似图形所组成。纺织图案设计被大量运用在服装、家居领域，不论是平面印刷、线迹绗缝，还是通过机织和针织结构形成的图案，设计者都需要考虑单元图形及其重复形式。对于时尚产业来说，利用图案设计的变化达成快速推陈出新的效果，向大众灌输潮流观念，是不断刺激消费者产生新的购买欲望的一种手段。尤其是印花图案，它可以跟随每一季的潮流快速转换、风格百变，其设计实现周期相对于其他工艺形式来说相对较短。同时，随着印刷印染技术的不断发展，印花工艺的成本也被降低。快速、灵

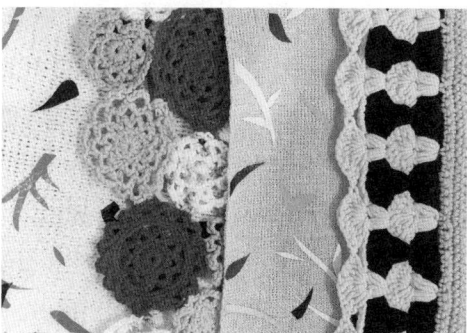

图2-35　针织结构的组合与发展，宋汶灿、程婉玲

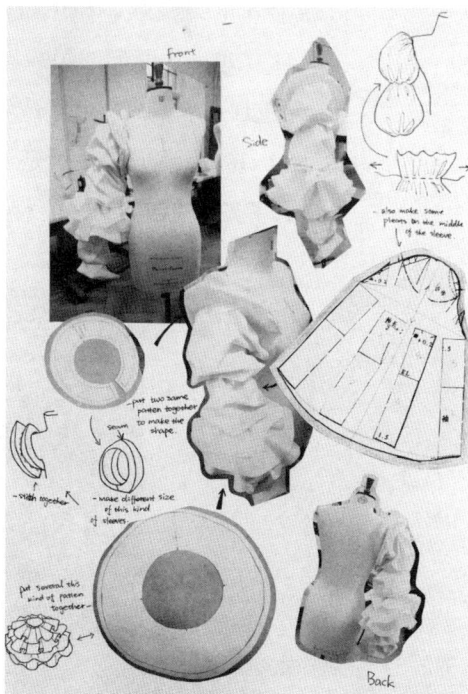

图2-36　服装结构调研、分析及实践，田园

活、多变、低成本、易修改，以及生产周期短等优势使人们几乎可以在各种品牌接触到图案，从快时尚到设计师品牌，每一季发布的系列中都或多或少地看到图案设计的身影。家居图案设计，如壁纸、窗帘、沙发、抱枕和床上用品等，则是以装饰美学为主要功能，讲究视觉上的审美和谐。当然它也会有一些风格，如现代风、北欧风、美式田园风，但总的来说对于家居图案的诉求还是以美观装饰为主，通常不会赋予其过于强烈的理念或实验性的观点。

在进行图案设计发展时，除了需要考虑单元图形中颜色、线条、块面的比例关系，以及图形的重复形式和节奏，还需要考虑一个比较特殊的部分，那就是图形和符号的文化内涵。"图"是可视化的符号，是内容；"形"，指的是一种形式感。"图形"就是形式与内容的高度统一，是以语义为功能的表现形式。图形、符号是比语言、文字更有效的传达信息的媒介，当然，不同的文化、地域和民族也存在着多样化的差异，在对这些差异进行调研时，可能就会找到自己图案设计的发展点和创新点。

图2-37展现了一位同学观察和分析调研素材的方法，她用色粉表现出自然界中颜色的变化，又用撕纸的方式提炼出花卉植物的廓形，依据个人审美喜好，利用拼贴的方式讨论这些线条、色块及颜色不同的组合方式，从而形成组成图案的基础（参见附录彩图16）。这样的设计发展过程帮助该学生形成了独具个人特色的图案设计语言。《植物园》（图2-38）系列印花设计是纺织品设计师黄颖的作品，在这一系列中，黄颖尝试了多种传统的印染技术和材料，同时将版画与丝网印工艺相结合（参见

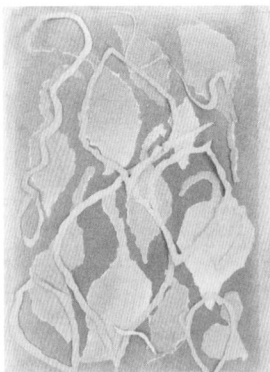

图2-37　图案形成实验，于依白，课堂练习，2019年

图2-38　植物园，黄颖，传统印花，Lino板、刻刀、丝网、油墨，2022年

附录彩图 17）。优雅的植物纹样因为手工工艺的加入，增添了更多质感、层次与人文气息。在考虑图案设计时，同样的图案也会因为使用材料与工艺的变化，呈现出不同的风格。在进行设计发展时，除了图形与图案的发展外，还需要考虑工艺和材料的实验变化以达成从设计到工艺生产的全面考量。

当得到一些单元图形素材以后，就需要去考虑这些图形要以什么样的形式进行重复。图 2-39 显示了一系列印花图案样片，这位同学利用灵感收集发展簿中调研的素材形成了各种单元图形，然后用绘画的方式进行组合构图，又以手工印染的方式在面料上进行实验，完成初步设计发展（参见附录彩图 18）。图形重复的方式多种多样，可以从周围的环境和自然界中获取形式启发，或参考纺织历史上的经典纹样，抑或是从最基础的形式出发进行组合和变化。

除了图形重复形式的讨论，设计发展还需要考虑这些图形所承载的背景部分。图 2-40 展现了课堂练习中学生通过不同媒材在面料上进行的背景实验（参见附录彩图 19）。同样的图案在不同的背景上会有怎样的变化？是整体用纯色背景，还是后面加一些条纹效果，或者有一些变化的特殊肌理？相同的图案被放置在不同的背景上也会表现出不同的风貌。同时，图案和背景的比例关系也是在设计发展中需要被分析和讨论的内容。最后，也别忘了尝试一下图案的配色方案，可以根据项目的颜色版，在一个图案上尝试多种色彩搭配。在进行图案发展时，计算机辅助绘图设计软件，如 Adobe Illustrator 和 Photoshop，都是很好的工具选择，可以帮助创作者提高工作效率。将手工制作或绘制的图形素材扫描进计算机，利用软件优化，改变颜色、大小和排布形式等。在这个发展过程中，尽可能多地储存图案想法，并且依据主题氛围对其进行分析、评价，慢慢地就会发展出一个系列的图案选择。

图2-39　灵感收集发展簿与印花样片，彭睿，手工印染，2019年

图2-40　图案背景调研及发展，课堂练习

（五）外观

纺织品的外观是对其整体的考量，它的设计发展主要包含两部分内容，第一部分就是织品本身的发展，第二部分是应用设计发展，所以将"外观"放在整个设计发展步骤的最后进行介绍。

1. 织品发展

首先，织片方面，在项目后期应该已经有了很多织品的试验样片，它们可能比较小块、相对草率、存在感不足，或者只是用白坯布之类较为廉价的替代材料制作。在进行外观发展时，需要将目前为止所有样片放在一起进行观察、分析和评价，同时配合主题版和颜色版（图2-41）。把它们都直观地放在一起，然后思考这些材料和工艺的组合是否合理，是否看上去形成系列，是否可以反映出主题氛围？所有元素是否达成一致且相互呼应？是否需要改变一些颜色、肌理或结构的搭配形式或搭配比例？因为在创作者醉心于结构实验时，可能会忽略颜色的变化，或者过于关注细节的肌理，忽视了整体比例的协调，又或者被某一种材料本身的美感吸引，大量使用，忽略了项目整体的氛围。还有可能在讨论颜色版的时候，觉得整体颜色氛围十分和谐，但颜色与材料结合后，做出的样片所反映出的颜色却看上去十分突兀等问题，都是需要在这一步进行考虑、分析和优化的。

接下来就是对所有织物样片的筛选工作，一些样片可能需要修改颜色的搭配方式或图案的比例大小；另一些则需要替换材料，但保持它的工艺结构或图案颜色；还有可能需要把几块零散的样片进行结合使之成为整体。把所有完善计划写在便签上，并附在相应的样片旁边。根据记录对需要修改的样片拍照、扫描，利用Photoshop模拟想要的效果；或者干脆直接打印出来，利用拼贴绘画的方式进行发展，并配以文字说明。另外，对于那些非常成功的织片同样可以继续发展，使其成为整个项目的设计核心。例如，设计师开发了一个非常有意

图2-41　实验样片与氛围版整合，陆星彤、夏婧、张绘宇

思的针织结构，不是说只使用一种比例或者一种配色就算完成它的使命了，设计师还可以去改变它的大小、配色和重复的次数，将它贯穿在整个系列中。

在外观的发展过程中，"做更多"并不是我们追求的目标，而是一个"取舍"的讨论过程。也许需要做更多的样片实验，在样片中舍掉一些不成功的，提取一些成功的，把不同的样片重新组合，添加新的工艺，或者用新的更有效果的材料替代等，这个过程会重复多次。最终才会得到那些非常具有系列感，可以很好地反映出项目主题的样片的外观。

2. 织物应用设计发展

很多纺织品的艺术家和设计师创作的终点不仅仅是系列织品样片的产出，而是需要为这些织品寻找合适的承载媒介，这就涉及外观发展的第二部分，织物应用的设计发展。纺织品的创作者是以织物材料引导其应用外观发展的，织物的形态、特性、大小和体量决定着最终被应用的位置、场景和空间。图2-42和图2-43展现了设计师将极富立体感和肌理感的绣品应用在装饰手提包上。手工串珠的花卉刺绣本身就充满质感、光影和色彩的对比，过于繁复的造型将破坏对纺织品本身的展示，所以设计师选择了简单且平整的手提包造型，更多的留白空间交由串珠刺绣的花朵填充，甚至在远观时观者会忽略包的存在。

讨论织物的应用形式时，需要注意织物样片的尺寸，或与最终载体的比例关系。图2-44是一

图2-42　花卉，吴冯婧涵，手工串珠刺绣、激光切割、PU皮、尼龙缝纫线、米珠、珠片，2022年

图2-43　阳光下的花，吴冯婧涵，手工串珠刺绣、激光切割、亚克力、尼龙缝纫线、羊毛线、米珠、珠片、滴胶，2021年

图2-44　图案设计在服装上的应用发展，
课堂练习

图2-45　流浪冰川，贾悦、沈殊君、张栩
睿、李美慧，回收材料灯饰系列，回收纸、
回收织物、乳胶，2020年

位同学对其设计制作的印花样片进行服装应用的设计发展。印花样片本身具有一定面积，可以给该同学留有足够空间在人台上缠绕、摆放，进行立体剪裁实验，将二维平面图案与三维人体、服装结构相结合，带来更富创意的印花设计应用方法。同时，在利用样片进行廓形引导设计时，其实也是一种双向的讨论，可能此过程中创作者还会发现所用样片的质感，或者它所形成的垂坠度、形状都不太符合他的预期，再或者这块样片无法与其他面料和样片搭配在一起，又或者它需要被改变点什么或添加点什么才显得更为完整。这一步也是设计师和艺术家们利用最终载体重新审视纺织材料设计的过程，材料与载体会相互影响，所以需要重新观察、考虑和规划，以获得和谐的外观效果。

图2-45《流浪冰川》作品中，这组同学以可持续的材料设计为契机，以废旧纸张和织物材料作为主要的媒介，进行了不同视觉层次和质感的表达尝试。回收来的纸和织物被打碎、压实，以乳胶黏合重塑，形成坚硬且具有纹理感的板材。整个系列的灯饰造型皆基于该板材特性，以极简的半圆和三角组成。在进行材料设计发展时，该组作品受到冰川的灵感启发，以材料模拟了冰川的颜色和肌理的变化。在考虑外观时，也希望通过悬挂的灯饰造型和形态，表达出冰川连绵起伏的意象。

任何的设计发展都不要害怕失败或者所谓的"事故（accident）"，它们可能正是打破常规、激发创意的突破口。要对所有的发展过程进行记录，当然也包括所谓错误或者失败的试验和发展。这里有三个主要原因：一是可能会从中进行调整，或者总结出一些经验，然后获得更好的方案。二是纺织品的流行趋势是非常多变的，也许某些事物现在觉得不好看，但过段时间再去回顾时突然就觉得很时尚，很有创意。所以，应该记录下来所有的想法设计，也许以后再翻看时，又会带来很多新的启发。三是可能真的做出了失败的设计，那就更应该记录下来告诉自己以后不要再这么做！不管理由是什么，总之非常建议和鼓励大家去对所有设计发展的内容，包括那些不怎么成功的部分都进行记录、评价和反馈。甚至有可能创作者自己觉得不怎么满意的一些部分，但在与他的老师或服务对象进行讨论的时候，他们却认为是很好的设计，这也可能会发生，因为对于艺术设计产出的评价是较为主观的。

作为一个纺织品设计师需要对材料和工艺抱有极大的热情和好奇，随着新的技术、设备、材料的不断发展，纺织品设计已经被完全拓展，它有着非常多的可能性。新的涂料带来新的表面肌理，新的设备带来创新的结构，功能性的纤维、面料带来前所未有的感官体验，这一切都在使纺织品的应用领域发生变化和革新。该领域的从业者们不一定要掌握全部知识，但绝对需要对其充满好奇，不断对自己已有的知识进行更新。通过主动的调研和探索，用自己的方式去理解和感受，能动地形成自我的知识、观点、理念和思维。通过以上内容的启发，从更多的角度去看待、去尝试，把这些拿来的内容，内化成自我的理论，寻找到自己的观点和方法，形成自己的设计语言，达成纺织品的设计创新。

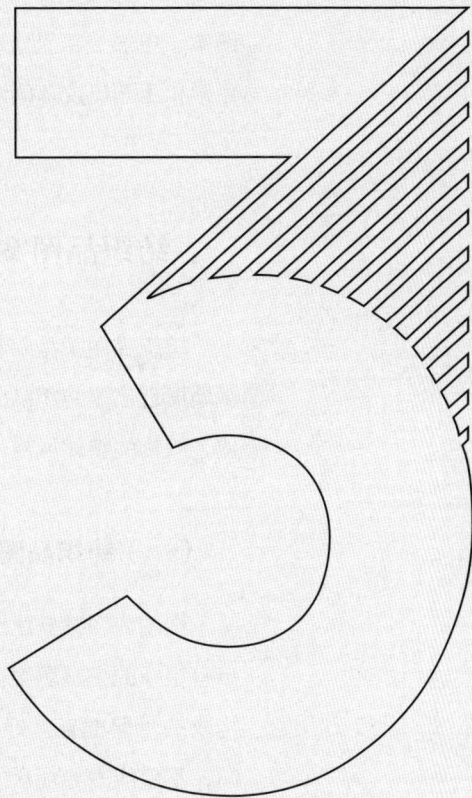

第三章

纺织品

设计的方法

第一节
纺织品设计的基本要素

随着科学技术的发展和经济条件的改善，人们对生活品质和审美格调追求的提高，纺织品在我们的生活中日益重要，纺织品艺术设计越来越受到人们的重视。那么，我们应该如何设计纺织品呢？纺织品设计的基本要素有哪些？当我们欣赏一件纺织品时，首先映入眼帘的是纺织品的图案和色彩，其次是纺织品的工艺和材质。图案、色彩、工艺、材质共同构成了纺织品的基本要素，这些要素共同决定了纺织品的审美风格。因此，在设计纺织品时，图案、色彩、工艺、材质是不容忽略的基本要素，下文将从纺织品的图案、色彩和工艺出发，阐述纺织品的设计方法。

一、纺织品图案

纺织品图案是附着于纺织品上的各种图形，其富有不同的装饰意味，直观地展现出了纺织品的外在形象，与纺织品的色彩、工艺、材质相搭配，形成了织物的整体风格。

（一）纺织品图案的构图形式

构图为图案搭建出整体的框架，图形元素按照构图方式依次排列，呈现出有组织的完整图案。如果图形是图案构成的视觉元素，那么构图就是图案构成的骨骼框架。好的构图能够使图案构成重点突出、主次分明、虚实相间，不仅能引导观众的视线走向，突出图案的主题内容，还能丰富图案的审美意趣。纺织品图案的类别主要有独幅图案、连续图案和适合图案等，不同图案类别的构图形式各有千秋，如对称式构图、均衡式构图、自由式构图、散点式构图、连缀式构图和重叠式构图等。

1. 独幅图案

独幅图案是纺织品中最为基本的图案构成形式之一。独幅图案在纺织品中独立存在，其构图完整，尺幅较大，元素丰富，有较为明显的外轮廓，时常作为视觉主体要素出现在纺织品中，在服装、配饰、地毯、桌布、毛巾、靠垫、床上用品等纺织品中十分流行。根据纺织品用途的不同，独幅型图案的构图形式各有千秋，如对称式构图、均衡式构图、自由式构图等。

（1）对称式构图

对称式构图是独幅图案中最为经典的构图形式。其以图案中心或中轴线进行翻转，即图形两边的各部分，在大小、形状和排列上具有——对应的关系，其不仅有中心对称式的构图形式，也有轴对称式的构图形式。从视觉效果而言，其构图均衡，造型稳重，图案严谨，呈规则状，富有古典之美（图3-1）。同时，对称式图形周围配以与此相适应的纹饰，与之相互呼应，形成完整的图案。

图3-1 对称式构图图案设计，王阳，2017年

（2）均衡式构图

均衡式构图以图案的中心作为视觉重点，周围图形的大小、轻重、前后呈现出平衡的状态。均衡式构图与对称式构图相似，构图均衡、造型稳重，但因这种构图方式不拘泥于对称式严谨的构图方式，其图形不完全对称，布局更加灵活，造型更加自由，色彩更加多变，整体风格更加活泼（图3-2）。因此，均衡式构图在纺织品图案中运用得非常广泛。

（3）自由式构图

自由式构图，顾名思义是较为自由的独幅式构成方式，不拘泥于某种严格的构图范式，相对于对称式构图和均衡式构图，有着自由、活泼、灵动、个性的风格特点。自由式构图动静结合的图案布局、疏密有致的构

图3-2 均衡式构图图案设计，王阳，2017年

成关系，使其画面在变化中，不失统一感，在自由中，又不失秩序感，无时无刻不吸引着人们的注意（图3-3）。

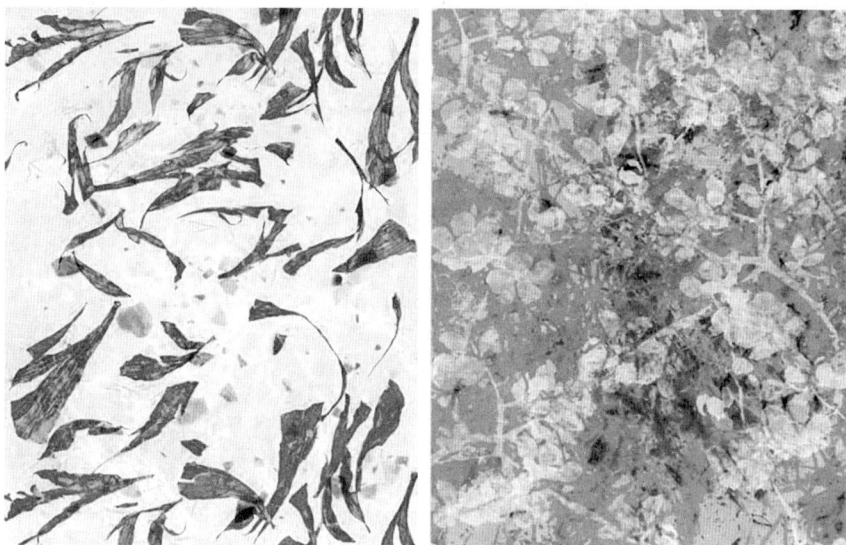

图3-3 自由式构图图案设计，王阳，2017年

2. 连续图案

由于纺织品的生产特性，其图案常常有着重复循环、排列有序的特点，而连续图案则是针对纺织品的生产特性而设计的构成形式，在服装、配饰、窗帘、床上用品等纺织品中较常出现。相对于独幅型构图形式而言，其图案元素重复排列，视觉均衡，重点不突出，具有较强的装饰性、延展性和适用性。根据连续型构图图案的排列方式，其大致可分为二方连续图案和四方连续图案两大类别。

二方连续图案，是由一个或几个单元图形以横向或纵向的方向，按照一定规律进行重复排列的构成方式，具有秩序感和节奏感。在纺织品中，又称"花边"图案，时常装饰于纺织品图案的边缘处。由于其构成骨架的不同，如散点式、直立式、波纹式、折线式、水平式等，从而形成多样的视觉效果。

四方连续图案，是由一个或几个单元图形向上、下、左、右四个方向，按照一定规律重复排列的构成方式。四方连续图案以多向排列，多为面状构图，而二方连续图案以单向排列，多为线状构图。由此而言，四方连续图案一般相对于二方连续图案，更具有层次感和丰富性。

（1）散点式构图

散点式构图是将一个或几个单元图形，按照一定的规律，以二方连续或四方连续的方式分散排列。每个单元图形独立存在且互不相连，有着清晰的外轮廓，与其他图案相互搭配。或大或小、或多或少的单元图形，组合在一起如漫天星辰一般，浪漫而富有韵律（图3-4）。

图3-4　散点式构图图案设计，王阳，2017年

（2）连缀式构图

连缀式构图是单独的图形元素以特定的方式连缀于一体，形成的整体图案，多用于织花织物的图形排列之中。在二方连续图案中，图形元素一般以横向或纵向的方式连缀于一体。在四方连续图案中，图形元素则自左、右、上、下四个方向连缀于一体，富有规律性和整体性。巧妙的连缀方式能够使图案前后连贯、首尾呼应，在视觉上更加自然、生动，富有节奏感和生命力（图3-5）。

连缀式构图的形态非常多变，有阶梯式、波浪式、图形式等。阶梯式构图是用一个单位图形循环构成如阶梯般高低错落的连续图案。而波浪式构图是将一个单位图形限定在连续曲线的框架内的连续图案。图形式构图将一个单位图形限定在特定图形的整体框架中，如菱形、圆形、方形、不规则形等，然后进行循环排列，形成完整的连续图案。当然，连缀式图案的构图并不局限于以上形式，在设计师的演绎下，构图形式将越来越丰富。

图3-5 连缀式构图图案设计，王阳，2017年

（3）重叠式构图

一般而言，散点式构图中的图形元素存在一定的间距，连缀式构图是不间断的连续图案，而重叠式构图的图形则叠加在一起。重叠式构图，一般为两种或两种以上的图案相互叠加，通过大小、色彩、布局、形态的对比，使画面富有层次感（图3-6）。一般而言，重叠的图形具有主次顺序。地纹作为底层图案，造型简练、色彩单一，用以衬托主要图形。而图纹是指地纹上的主体图形，造型复杂、色彩丰富，与地纹图形相互呼应、对比明显（图3-7）。

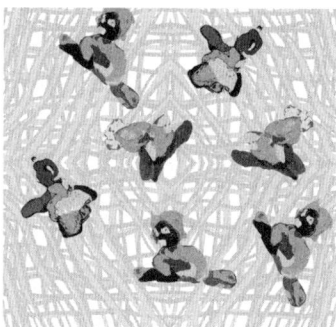

图3-6 重叠式构图图案设计（一），闫佳昱，2022年

图3-7 重叠式构图图案设计（二），王阳，2017年

3. 适合图案

适合图案造型自由多变，适形性较强，多以组合纹样的形式出现，常与其他图案相搭配使用，填充于其他图案的空隙之中，达到装饰的效果。适合图案多有几何纹样、符号纹样、植物纹样等，富有装饰性。根据使用位置的不同，适合图案又分为形体适合图案、角隅适合图案和边缘适合图案。

（1）形体适合图案

形体适合是适合图案中最为典型的图案之一。形体适合图案多有几何纹样、符号纹样、植物纹样、动物纹样等。几何纹样有圆形、方形、三角形、多边形等，符号纹有文字纹、器物纹、水波纹、云纹等，植物纹样有花卉纹、瓜果纹、草木纹等。其造型多变，适用性强，能够巧妙地与其他图案进行组合，在服饰、丝巾、桌布、地毯、床上用品等纺织品中尤为常见。

（2）角隅适合图案

角隅，又称为"角花"，是指装饰于图形转角处的图案，其大小不一、造型多变，多由几何纹样、符号纹样、植物纹样组成。角隅适合图案不仅可以装饰一个角，也可以装饰对角或多个角。除了可以单独使用，也可与其他图形相组合使用，使其形成大小、虚实、起伏、动静、疏密的对比，使图案的层次更加丰富，达到锦上添花的效果（图3-8）。

图3-8　丝蕴·冬寒，丝巾设计，
董雅思、蔡景美，2020年

（3）边缘适合图案

边缘适合图案，顾名思义是装饰于图形边缘的纹样，其常常与角隅适合图案相组合。边缘适合图案根据图形的边缘而定，其外缘造型十分丰富，有三角形、方形、圆形、多边形等。其不仅能够丰富图形层次，还能够衬托中心图形，突出图案主题元素。边缘适合图案在丝巾、桌布、地毯、靠垫、床上用品等有着固定尺寸的纺织品中尤为常见，富有装饰美感。

（二）纺织品图案的设计应用

纺织品的种类繁多，如服饰纺织品、家居纺织品、交通工具纺织品等，不同类型的纺织品对图案的需要不同。在不同的使用功能、使用场景、使用人群中，人们对于纺织品图案的审美也千差万别。因此，在我们设计纺织品图案时，需要充分考虑不同纺织品的使用功能、使用场景和使用人群，分门别类地进行设计。

1. 服饰纺织品

服饰纺织品是指用于服饰的纺织面料。服饰纺织品的分类主要有服装和配饰两部分。服装纺织品有西装、夹克、风衣、衬衫、T恤、裤子、裙子等。配饰纺织品有丝巾、领结、领带、箱包、鞋靴等。不同的服饰纺织品承载着不同的使用功能，如有的服装纺织品注重实用功能，因此，在图案设计上更为简约大气，有的配饰纺织品注重礼仪功能，因此，在图案设计中，需要体现出一定的礼仪性和装饰性。

（1）丝巾

丝巾是女性围在肩颈上的服装配饰，用于搭配服装，是服饰纺织品中的重要品类之一。在春秋之际，时尚的女性喜欢佩戴丝巾来搭配服饰，漂亮的丝巾往往会起到画龙点睛的作用，富有强烈的装饰效果。因此，在设计丝巾时，需要运用到丰富的设计手段来表达创意思维和审美情趣。

从时尚品牌的丝巾设计中，可以看出丝巾设计有着构图饱满、色彩鲜明、图案丰富的特点。在构图上，依照丝巾的形状和尺寸，设计师多以独幅型图案进行设计，一般采用对称式或均衡式的构图方式，使丝巾在佩戴后能够达到统一的视觉效果（图3-9）。在色彩上，丝巾多以明亮的色彩为主基调，一般暖色最受消费者欢迎，具有明显提亮肤色的效果（图3-10）。在图案上，由于丝巾的四个角在穿戴后会显露在外，因此，丝巾四个角的图案设计在整体的图案设计中显得尤为重要，尤其在丝巾的角隅适合图案和边缘适合图案中，其设计往往别出心裁（图3-11）。

图3-9 印花课程作业（一），郭南希，2018年

图3-10 印花课程作业（二），黄敏韵，2018年

图3-11 印花课程作业（三），葛梦鑫，2019年

（2）领带

领带是服装中领部的条状配饰，常佩戴于衬衫领子外围并于胸前系结，一般在正式场合中佩戴。领带的图案多以连续图案为主，图案精致简约，色彩低调稳重。领带的图案类型十分丰富，有几何纹、植物纹、动物纹和人物

纹等。领带的图案一般以连续图案为主，其中有二方连续、四方连续和跳按版排列。行政系列领带图案以圆点、斜纹、格子为主，其质料讲究，端庄典雅。晚装系列领带富有荧光效果，在深沉的底色上，织有经纬交错的线条或零零星星的亮点。休闲系列领带图案轻松而随意，出现了诸多具象的图案，一般用于与休闲西装的搭配。新潮系列领带打破了传统领带的设计，常常伴随着夸张的色彩和怪诞的图案，因其离经叛道的风格，成为时尚人士的新宠。

（3）T恤

T恤（T-shirt），又名文化衫，最早起源于美国，其形制一般为圆领、短袖，长度及腰，材质多为针织棉质，造型经典、宽松舒适、款式百搭，广泛地受到了来自世界各地年轻人的青睐和追捧。许多T恤的衣身上印有特定的图案或文字，T恤图案多采用丝网印花、数码印花或转移印花等工艺来完成，一般以独幅型图案为主，也有少数的连续型图案，常常在图案上或搭配有文字和标语，其视觉重点突出、色彩鲜艳、造型夸张、构图饱满，以此来彰显穿着者的生活态度与审美情调（图3-12，参见附录彩图20）。

图3-12　致青春，梁之茵，
T恤图案设计，2017年

2. 家居纺织品

家居纺织品，也称为室内纺织品，它是对人生活环境起到美化作用的实用性纺织品，兼具装饰性和实用性。家居纺织品的品类丰富，有桌布、桌旗、地毯、窗帘、毛巾、靠垫、沙发、床上用品等。人们不再满足于家居纺织品的功能性需求，逐渐将审美性需求融入家居纺织品的设计中，设计师将功能与审美相融合，使得家居纺织品的色彩、图案、款式、材质相互呼应，体现出家居纺织品在现代审美趋势下的变化。根据纺织品的实用功能，不同类型的纺织品的图案各不相同，体现出不同场景之下的使用需求。

（1）地毯

地毯，是传统的工艺美术品之一。它是一种地板覆盖物，由棉花、亚麻、羊毛、丝绸、草和其他天然纤维或化学合成纤维，经手工或机械编织、簇绒或机织而成，在家居环境中具有降低噪声、隔热和装饰的效果。

中国地毯编织技术有着悠久的历史。2000多年前，它首次在新疆生产，并通过丝绸之路逐渐向东传播到甘肃、宁夏、陕西、内蒙古、北京等地。由于当时各个生产地区的社会背景不同，在原料特性、艺术风格和编织技术等方面也有着不同的特点。经过不断地发展和成熟，形成了新疆、宁夏、内蒙古、西藏、北京五大特色产区。

新疆地毯有着丰富多样的传统图案。新疆地毯的图案构图严谨、图案铺展、几何装饰、层次丰富、色彩鲜艳、对比强烈。其中，多层边框、几何骨架的方形连续布局最具特色，如石榴式、五枝式等。

内蒙古地毯的技术是从新疆引进的，内蒙古一直是中国地毯生产的重要产区。包头毛毯主要生产民间毛毯和少量的寺庙毛毯，包括内蒙古游牧民族所需的内蒙古包毯、马鞍毯、挂毯、地毯、坐垫毯等。中心夔、角、土、框图案多用于形成"四菜一汤"风格的韵律构图。地毯的整体构成具有主题突出、主客体对应和色彩协调的特点。

北京地毯由中心夔、角隅、大地、边框组成，形成了"四菜一汤"的布局风格。夔纹一般呈圆形，分布于中心，四角花对称，由展龙和宝祥花组成。大地图案以分散的图案排列组成。框架有三层：外缘、大缘和内缘。外缘平实，中间大边饰以缠枝牡丹纹、暗八仙等纹。内缘用珠纹装饰几何图案，如云纹，将大边缘与地毯芯的图案分开，起到丰富层次的作用。

宁夏地毯由宁夏和阿拉善产的羊毛制成。宁夏地毯以"格律风格"为主，强调对称的和谐布局，光泽强，弹性好，富有朴素而空灵的禅宗之风格，是藏传佛教寺庙的专用地毯，也是宫廷贡品地毯和礼品地毯。

藏毯主要分为寺庙毯和民间毯。其图案粗犷，色彩鲜艳，图案简洁典雅，富有民族特色，深受世界各国的喜爱。寺庙中使用的毯子包括禅毯、柱毯、挂毯和门帘毯。

受到传统地毯风格的影响，许多现代地毯依然保留了传统地毯"四菜一汤"的布局特点，中心纹、角隅、大地、边框是地毯设计中的重点。在传统风格的基础上，现代地毯融入了现代化的主题元素和装饰图形，无论在图案造型上，还是色彩基调上，现代地毯都更加符合现代人的生活方式和审美倾向。此外，根据地毯的尺幅大小和使用场景，现代地毯图案的布局形态和精致程度也会有所区别。结合人们的视线规律和行为方式，以合适的比例、尺度，适应于人类活动的家居环境（图3-13）。

（2）窗帘

窗帘有着遮光、保暖、防风、防尘、隔音、隔热等作用，其不仅可以满足使用者对不同光线的需求、调节室内温度，还可以美化人们的居住环境。窗帘的图案有素面平板和各种花纹，如几何纹样、植物纹样、动物纹样、器物纹样等。窗帘的种类丰富，根据窗帘的遮蔽方式，其图案也千差万别。窗帘有平开帘、罗马帘、卷帘、百叶帘和遮阳帘等。平开帘，是沿着上方轨道平行移动的窗帘。罗马帘，是沿着罗马杆进行平行移动的窗帘，多出现于起居室、书房、西餐厅和咖啡厅等场所。因平开帘和罗马帘的尺幅较大，其图案多采取二方或四方连续图案（图3-14），与印花、提花、绣花等工艺相结合，形成连绵不断的视觉效果。而卷帘、百叶帘和遮阳帘则多以素色为主，少许卷帘、百叶帘和遮阳帘会配有独幅型图案。

（3）床上用品

床上用品是人们在睡眠时所使用的物品，床上用品有床单、床罩、床笠、被褥、被套、被罩、枕套和枕芯等。因此，在床上用品的设计中，往往根据产品类型，进行配套设计，如A版、B版、C版等，不同产品的图案之间既相互呼应，又相互区分，富有主题性和关联性。在图案上，床上用品的图案丰富，既有独幅图案，又有连续图案，也有独幅图案和连续图案相搭配

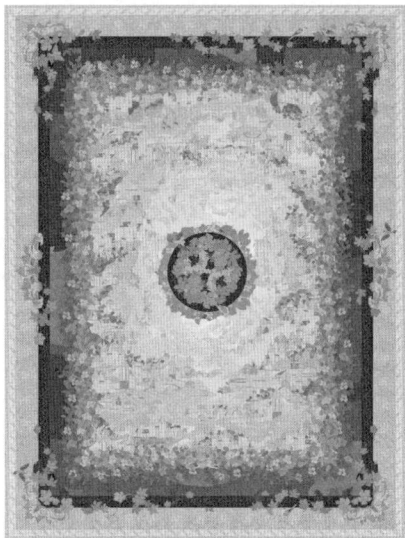

图3-13　秘密花园，梁之茵，地毯设计，2016年

图3-14　印花课程作业（四），贾尚霖，2019年

丝蕴·夏梦

灵感来源：
具有中式线条美感的家具搭配上丝柔的蚕丝织物，与具有生命力的植物形成中式美的软装搭配。营造一种独具江南水乡的婉约、含蓄的美感。从另一个角度上去表现中国丝绸的艺术美感——巧妙、简约、素雅的中式风格。

图3-15　丝蕴·夏梦，董雅思、蔡景美，床上用品设计，2020年

丝蕴·冬寒

灵感来源：
具有中式线条美感的家具搭配上丝柔的蚕丝织物，与具有生命力的植物形成中式美的软装搭配。营造一种独具江南水乡的婉约、含蓄的美感。从另一个角度上去表现中国丝绸的艺术美感——巧妙、简约、素雅的中式风格。

图3-16　丝蕴·冬寒，董雅思、蔡景美，床上用品设计，2020年

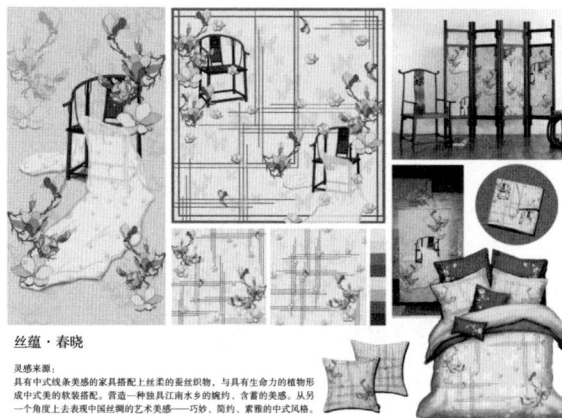

丝蕴·春晓

灵感来源：
具有中式线条美感的家具搭配上丝柔的蚕丝织物，与具有生命力的植物形成中式美的软装搭配。营造一种独具江南水乡的婉约、含蓄的美感。从另一个角度上去表现中国丝绸的艺术美感——巧妙、简约、素雅的中式风格。

图3-17　丝蕴·春晓，董雅思、蔡景美，床上用品设计，2020年

的组合形式。在色彩上，考虑到人们的睡眠质量，床上用品的图案配色往往偏柔和舒缓，以起到调节心情、帮助睡眠的效果，如浅蓝、浅绿、粉色等色彩。在工艺上，床上用品中的印花图案自由灵活，色彩丰富，多与绣花、提花等工艺相结合（图3-15~图3-17）。

（三）纺织品图案的设计方法

随着人们生活水平的提高和审美品位诉求的增加，人们对纺织品图案的要求越来越高。然而，国内许多企业缺乏对图案研发原创性的重视，对于专业的设计研发团队的研发投入较少，设计师图案研发的能力受限，许多纺织品图案以现有图案进行复制、挪用、拼凑，图案形式千篇一律，缺乏独特性和创新性。纺织品图案的创新性设计是我们目前面临的一大难题。那么，我们应该如何设计纺织品图案呢？以下，将从设计调研、主题确定、图案设计、效果图绘制等方面，来阐述纺织品图案的设计方法。

1. 设计调研

调研，是我们设计之初的必经流程，而设计调研则是在为我们设计出优秀的产品做准备。只有经过了系统的调研，加深设计者对市场

现状的了解，更加透彻地认识社会当下所存在的各种问题，才能更好地贯彻设计目标，更加有针对性地进行设计，以最优的方法解决现存的各种问题。设计调研能够使设计适应于市场的需求，使设计真正地服务于人。在开始图案设计之前，我们需要明确设计的目的，并根据设计的目的，进行细致的设计调研。

同时，市场作为设计产品的产出方，也是设计必须考虑的因素，只有充分了解市场，将图案设计与市场需求相结合，才能使设计落实到实处。而市场调研是将消费者、企业和市场联系起来的一种行为。在市场调查中，我们可以进一步了解消费者对纺织品的具体需求，更好地捕捉消费者的消费习惯、流行趋势和市场动态。例如，由国际流行色设计权威学术机构所预测出来的纺织品图案、色彩、材料等讯息都可以成为我们设计调研的素材和参考依据。

2. 主题确定

主题是作品表达的主旨，也是设计师根据自身的生活经历，对设计作品提炼得出的思想结晶。它既体现了现实生活所蕴含的客观意义，又展现了作者对客观事物的主观认识，是纺织品图案设计的精神支柱。主题性设计是目前纺织品设计的主要趋势。在设计调研之后，需要进行主题定位，并在确定设计主题之后，了解相关主题的讯息，并进行综合分析，依据主题内容提出设计概念。在充分分析的基础上，围绕主题内容，确立图案风格，将主题相关的元素进行收集、归纳和分析，寻找主题元素与纺织品之间的契合点，对图案的造型、构图、色彩、风格进行整合，从而完成图案设计概念版的制作。

3. 图案设计

图案设计是纺织品设计中最为核心的环节，它是设计师思想的集中表达。不同设计师的图案设计方法各有千秋，展现出不俗的图案功底。在主题性设计方法中，主要有元素采集、整合设计和图案绘制三个主要流程。

（1）元素采集

在确定好主题之后，我们将根据设计概念版进行相关图案元素的采集、归纳和整理。元素的采集源于设计师对于主题概念的理解和认知，这种思维活动具有关联性和发散性，即是由一个主题联想到多种表达方式的思维活动。在元素采集的过程中，我们需要从一个主题的多种表达方式提取元素的共性特征，使之与其他元素灵活搭配，并解构重组，运用到新的图案设计之中，将主题元素风格化和形象化，从而增强图案的主题性和整体性。

（2）整合设计

我们所采集的设计元素具有系列化、多元化、碎片化的特点，因此，在图案设计中，我们需要将各个元素进行整合设计，运用各种设计手段，从中概括、提炼、整合元素之间的不同特征，使之成为符合美学规律的图形组合形式。首先，我们需要根据设计的载体，选择适合的图案类别和构图形式，制定出图案设计的整体框架。其次，寻找各个元素之间的构成方案，运用组合、穿插、重叠、翻转、解构等设计手段，使得各个元素在构图框架内合理布局，使之构成一个整体的画面。整合设计的过程并非一步到位的，而是需要我们进行反复尝试，在不断试错的过程中，寻找最佳的设计方案。随后，根据主题内容和构图形式，设定图案的主色调，选择适合的颜色进行组合搭配，使各个设计元素相互呼应，亦可设定不同的色调，进行多种套色的色彩搭配，根据图案设计营造出富有主题性的色彩氛围。

（3）图案绘制

图案绘制是图案设计呈现的重要环节，前期构思研究绘图为草图，设计成果表现绘图为表现图或者效果图。在图案设计的过程中，要尽可能多地绘制草图，尝试不同的可行性方案，寻找最佳的表达手段。在确定了图案设计方案后，再开始绘制表现图或效果图。只有完整地绘制了图案，才能将创意思想完好表达。

目前，图案绘制主要分为手绘、计算机绘制，以及手绘与计算机相结合绘制三种途径。其中手绘是手工绘制图案的技法，而计算机绘制则是运用计算机绘图软件绘制图案的技法。手绘的材料和工具非常丰富，有彩色铅笔、色粉、马克笔、水彩颜料、水粉颜料、丙烯颜料、油画颜料等，不同的绘画材料和工具的表达效果千差万别。如彩色铅笔、色粉的绘画语言较为细腻，水彩颜料的晕染效果强，而水粉颜料、丙烯颜料和油画颜料具有一定的覆盖性。因此，我们需要选择适合图案主题与风格的绘画材料和工具来进行绘画表达，以达到最好的绘制效果。

计算机绘画用计算机手段和技巧进行创作，绘图软件有Photoshop、Adobe Illustrator、Painter、Sai等。计算机绘画的效果不仅真实细腻，还方便复制修改，其调整尺寸、变化色彩、图形移动等功能能够帮助设计师制作丰富的图案效果。此外，计算机绘图还能轻松撤回失误操作，并进行反复调整，具有保存耐久及运输方便的特点。因此，我们可以根据设计方案，灵活地选择绘图方式来呈现纺织品图案设计。计算机绘画的方便与快捷是手绘不可取代的，它便于修改、利于复制，相比手绘作品更利于印刷与传播，这点在如今快速发展的社会中有着不容忽视的作用和意义。

虽然，计算机绘制大大方便了人们的绘画工作，但计算机的工具属性使创作手段局限于手绘板、手绘笔及计算机，使设计师和艺术家失去了对更多材质与材料的探索。譬如，油画颜料在油画布上的表现是一种效果，在墙面的表现却是另一种效果，与其他颜料相结合更会产生各种不同的效果。这些具有探索性质的画面效果，只有在实际操作后才能看到其具体的面貌，甚至是板绘所无法预设的。从另一种角度而言，直接的创作方式更利于设计师和艺术家情感的抒发与表现。对于大部分的设计师和艺术家来说，可触及的画材的质感更能激起他们的创作欲望，单纯用手绘板无法满足他们情感的表现和画技的施展。因此，计算机绘图作为绘画的另一种创作方式与手绘同时存在，我们不应该因手绘而忽视计算机绘图的价值，更不应该因计算机绘图而失去对手绘的信心。

4. 效果呈现

图案设计表达需要一定的载体，纺织品作为图案设计的载体，需要通过效果图的方式来呈现图案实际运用的效果。因此，纺织品效果图的表达在图案设计中尤为重要。纺织品效果图可以以手绘的方式呈现，亦可以计算机绘制的方式呈现。一般而言，效果图展现了纺织品设计在不同场景运用的效果，一张好的效果图不仅能够清晰地凸显图案的主题内容，还能完整地展现出图案的应用效果。同时，为了作品更易于让人们理解，设计方案通常配有简短的设计说明，以此阐述作品的主题、定位、风格、工艺等内容。

二、纺织品色彩

色彩能够直观地影响事物的视觉形象，并有效地营造空间氛围、塑造纺织品穿着者的风格气质。因此，色彩是纺织品设计中的重要因素。如何使色彩融入纺织品设计中，与纺织品的款式、图案、材质、工艺进行合理搭配，创造符合现代审美需求的视觉形象，是我们需要思考的问题。以下将从纺织品色彩的基本原理、美学心理和设计方法进行介绍。

（一）色彩的基本原理

色彩是纺织品设计的基础。色彩的基本原理影响着纺织品设计的方法。在这一部分，将从色彩的形成、色彩的分类和色彩的属性来谈色彩的基本原理。

1. 色彩的形成

有了光才有了我们所看到五颜六色的世界，如果没有光，人眼将不能看到任何颜色。色觉的产生，是光传递到物体，从物体传递到眼睛，并最终传达到大脑的过程。色彩是由光源色、物体色和环境色组成的。自己能发光的物体叫光源，分为自然光和人造光。发光体发出的光则是光源色。我们所看到的物体颜色，是可见光的吸收和反射作用。可见光照射到物体上，一部分被吸收，一部分被反射出来，成为我们看到的颜色。而环境色源于光照对环境的照射，进而影响环境中物体的颜色。如图3-18所示，三组物体色彩的变化源于不同环境色对物体色彩的影响（参见附录彩图21）。

图3-18　环境色

2. 色彩的分类

色彩分为无彩色系和有彩色系。无彩色系，又称为黑白系列，顾名思义就是只有黑、白、灰色，它没有色相和纯度，只有明度的变化，明度越高，越接近白色，明度越低，越接近黑色。而有彩色系包含全部色彩，是光源色、反射光在人眼中所反映出的色彩序列，以红、橙、黄、绿、青、蓝、紫为基本色，具备色彩的三要素，即色相、纯度和明度。

3. 色彩的属性

色彩具有色相、纯度、明度三种属性。色相、明度、纯度合称为色彩的"三属性"。

色彩色光的波长，即色彩的长相，叫作色相（hue），是人们在太阳光谱上所直接看到的长短强弱不同的光波所构成的各种颜色。它能够表示某种颜色色别的名称，被赋予红、橙、黄、绿、青、蓝、紫的色彩称谓（图3-19，参见附录彩

图22）。如天蓝和湖蓝中的蓝色，指
的是色相。我们常说的色相环由
原色、间色和复色组合而成。其
中，原色是指红、黄、蓝三原色，
间色是由原色和原色调制出的颜
色，复色，又称为次色，是任何两
个间色或三个原色调制而成的颜色。

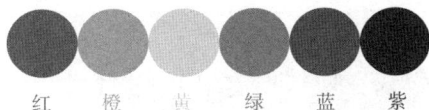

图3-19　色相

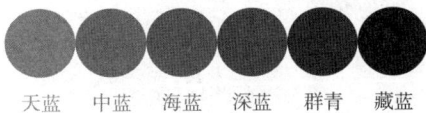

图3-20　明度

如果说色相是色彩的长相，
那么明度（lightness）就是色彩的
骨架。明度是指色彩的明亮程度，
即色彩的深浅，由物体反射颜色

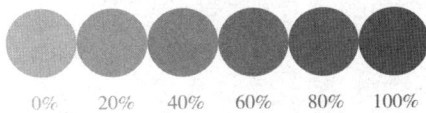

图3-21　纯度

的明暗强弱来确定。有彩色系的明度值大多参考无彩色系中的相应明度的灰
调等级标准来确定，任一有彩色系的颜色均可通过加白或黑做明度色阶的变
化，如纯白色的色彩明度最高，纯黑色的色彩明度最低。深蓝、中蓝和天
蓝，便是对色彩明度的界定（图3-20，参见附录彩图23）。

纯度（彩度），又称饱和度、纯净度和鲜艳度，表示颜色所含某一色彩
的比例，即某一种色彩的纯净程度（图3-21，参见附录彩图24）。越鲜艳的色
彩，纯度越高，含灰比例越低，而安静低调的色，纯度越低，含灰比例越高。

（二）纺织品色彩的美学心理

在日常生活中，我们能够看见千千万万的色彩，而这些颜色带给我们的
感受是千差万别的，使我们产生了不同的色彩心理。如红色象征着太阳和火
焰，给予了我们温暖的感觉；蓝色象征天空和大海，给予了我们沉静的意
味；绿色象征着草地和树木，呈现出生机勃勃的景色。如果以"酸甜苦辣"
四种味道定义黄绿色、粉色、棕色和红色，相信大家会很直观地认为黄绿色
代表酸、粉红色代表甜、棕色代表苦，红色代表辣（图3-22，参见附录彩
图25）。因为在我们的日常生活中，许多不成熟的果实，如柠檬、生梨、生
桃、生苹果都是黄绿色的，味道酸涩，因此我们看到黄绿色，便联想到了
酸。而生活中，蛋糕、糖果多为粉红色，味道是甜的，所以将粉红色作为甜
的象征。而棕色的咖啡、中药等，味道是苦的，所以看到棕色时我们往往联

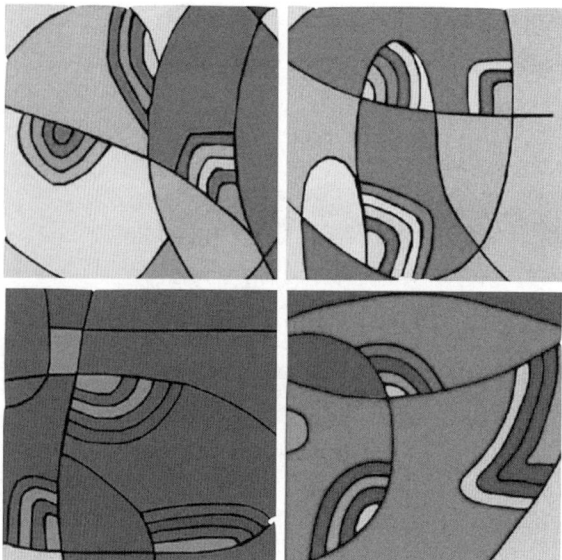

图3-22 "酸甜苦辣"色相

想到苦。而我们所熟悉的辣椒是红色的，味道极其火辣，所以我们将红色视为辣的象征。因此，将这些色彩组合在一幅画面中，就算没有具象的造型，也能很清晰地传达出"酸甜苦辣"四种味道。可见，色彩传达了味觉的信息。

色彩本身并无情感，它给人的感情印象是由于人们对某些事物的联想所造成的。原研哉在《设计中的设计》中写道，感觉或形象的组合是设计者在信息接受者的大脑中进行的一种信息再构筑活动。这一再构筑过程，就是通过各种渠道传递刺激的过程。视觉、听觉、嗅觉、味觉，以及它们组合起来产生的刺激，在接受者的大脑中进行感觉的再现。因此，我们可以发现人的感官不是孤立的，色彩作为一种视觉媒介，储存了视觉之外的诸多感官信息。色彩的生理现象与心理现象是不可能绝对分开的，它们是相互影响的。我们经常会把色彩和其他感官联系在一起，从而产生不同的色彩心理。这种现象被称为色彩联觉。在色彩联觉的影响下，不同的色彩搭配能够传达出不同的心理感受，如冷暖、快慢、轻重、软硬、大小、前后等。

1. 色彩的冷暖感

色彩能够传达温度信息。根据人们的心理，色彩有冷暖之分。人们对色彩温度的感知源于人们从实际生活中取得的生活经验。如人们见到太阳、烈火、光芒，便会联想到红色、橙色、黄色等色彩，从而产生积极兴奋的情感倾向。人们见到天空、海洋、森林时，便会联想到蓝色、绿色，从而产生消极沉静的情感倾向。因此，人们常常认为红、橙、黄为暖色，又称为前进色，蓝、绿、紫为冷色，又称为后退色。黑白灰作为无彩色系，是介于冷暖之间的颜色，为中性色（图3-23，参见附录彩图26）。色彩的冷暖运用在设计中，能够传达出不同的意味。因此，冬季的纺织品一般宜采用暖色，带给人热情、温暖的感觉。夏季的纺织品则多采用冷色，带给人轻快、活跃的感觉，使人产生凉爽的心理感受。

2. 色彩的轻重感

色彩能够传达重量感。颜色是有重
量的，有的颜色使人感觉重，有的颜色
使人感觉轻。如图3-24所示，虽然两
边的色块数量和面积相同，但右边的深
色色块明显比左边的浅色色块更有重量
（参见附录彩图27）。其原因是深色的色
块更像金属的颜色，而浅色的色块更像
云朵的颜色。因此，象征着金属的深色
色块比象征着云朵的浅色色块更加沉重。
浅色轻快飘逸，而深色沉重肃穆，在不
同的场合传达了不同的意义。色彩的重
量感在环境设计中也被广泛应用。比如，
天花板用浅色，地板采用深色，能够营
造出一种上轻下重的稳定感。在纺织品色彩的设计中，浅色面料能给予人轻
盈感，深色面料能给予人厚重感。

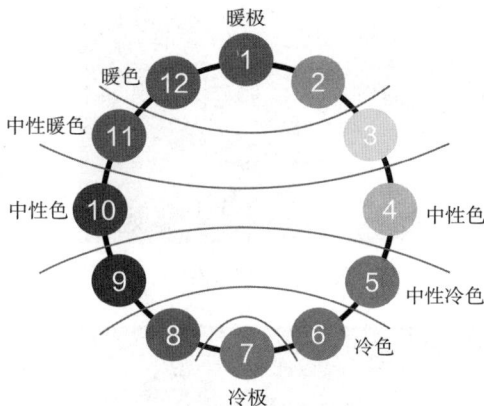

图3-23　色彩的冷暖感

图3-24　色彩的轻重感

3. 色彩的软硬感

色彩传达了物体的软硬感。明度越高，色彩就越绵软。明度越低，则颜
色质地越坚硬。人们对色彩软硬的感受，往往源于生活中对不同材质的认识
（图3-25）。如羽毛、棉花等材料多为浅色，给人软软绵绵的感觉，而石头、
钢铁等材料多为深色，它们非常坚硬强韧，给人坚不可摧的感受。以原木色
居多的简约风室内设计往往给人舒适的感觉。而以灰色为主色调的工业风室内
设计，则让人感到坚硬和冰冷。在服饰纺织品中，粉红、粉蓝、粉绿等色彩常
常出现在婴幼儿或儿童类产品中，与婴幼儿和儿童娇嫩白皙的肌肤相映衬。

4. 色彩的快慢感

色彩传达了快慢感。一般而言，颜色鲜艳，对比度强的色彩能够传达出
紧张的氛围，加速了人们对时间的感受，从而体现出快的感觉。而颜色深
沉，对比度较小的色彩，则传达出稳定、扎实的氛围，减缓了人们对时间的
感受，体现出慢的感觉。如在店面的色彩设计中，快餐厅多采用明亮的色彩
搭配，其目的就在于加速时间在人心里的流逝，催促人们加快完成用餐，从

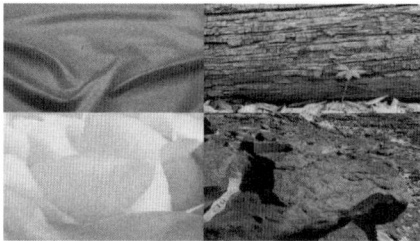

图3-25　色彩的软硬感

图3-26　快餐店的色彩

图3-27　西餐厅的色彩

而提升就餐桌椅的使用率（图3-26）。而在咖啡厅、西餐厅、电影院等场合，多采用沉稳的色彩搭配，从而减缓了人们心中时间的流逝，营造了浪漫的氛围（图3-27）。

5. 色彩的大小感

色彩能够影响物体外表的大小。暖色、高明度的色彩有扩大、膨胀感，能够引起人们的注意，而冷色、低明度的色彩有减小、收缩感，通常不大引人注意。一般把暖色、高明度的色彩称为膨胀色，把冷色、低明度的色彩称为收缩色。普遍来说，白色物体看起来最大，其次是黄色、蓝色、红色、绿色，黑色物体显得最小。在同样的面积下，浅蓝色比深蓝色感觉更大，黄色比蓝色更为膨胀（图3-28，参见附录彩图28）。因此，在服饰搭配中，暖色、高明度的色彩会显得人身材比较高大，而冷色、低明度的色彩会显得人身材比较苗条。在另一方面，色彩的大小感也修饰了人们的身型，竖条纹会拉长人的身体，而横条纹则会拉宽人的身材。

6. 色彩的远近感

色彩会产生远近感。从明度上看，明度高的亮色有种前进的感觉，而明度低的暗色有后退的感觉。从色相上看，暖色给人以向前移动的错觉，冷色就给人以往后退的感受，因而有时也把暖色称为前进色，冷色称为后退色。就纯度来讲，纯度越高，越容易跳出来，纯度越低，越感觉向后退。图3-29中，左侧的圆形，浅色在内，深色在外，呈现出凸出的感觉；右侧的圆形，浅色在外，深色在内，给人一种凹进去的感觉。右侧的正方形亦然，体现出色彩的前进与后退感（参见附录彩图29）。

7. 色彩的华丽感与质朴感

色彩又有华丽和质朴感。色彩的三要素对色彩的华丽和质朴感都有影响。其中，色彩的饱和度对华丽和质朴感的影响最大。纯度高、明度高、色彩丰富，色彩搭配对比强烈的颜色具有华丽感，而纯度低、明度低，色彩单一，色彩搭配对比柔和的颜色具有质朴感（图3-30，参见附录彩图30）。

8. 色彩的庄重感与活泼感

色彩也有活泼、庄重之感。人们常常会认为暖色、高纯度色、高明度色和多彩色有着活泼之感，而冷色、低明度色、低纯度色有着庄重之感（图3-31，参见附录彩图31）。一般而言，活泼感的色彩搭配多用于青少年和儿童的纺织品，多在休闲场合穿戴，而庄重感的色彩搭配适用于中老年人或成熟男性的纺织品，多在正式场合穿戴。

图3-28　色彩的大小感

图3-29　色彩的远近感

图3-30　色彩的华丽感与质朴感

图3-31　色彩的庄重感和活泼感

（三）纺织品色彩的设计方法

色彩的色相、纯度、明度、比例、节奏、秩序等关系，给人带来的视觉与心理感受是不同的。因此，我们需要了解色彩设计的技巧和色彩搭配的规律，掌握纺织品色彩美的原则。纺织品色彩的设计方法有色彩的统一和色彩的对比。

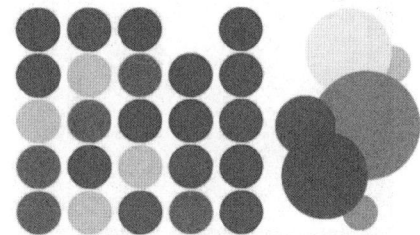

色彩的统一，是指色彩配合的一致性，即协调性，它通常是由同类色、相邻色或近似色相互搭配得到的。色彩的对比，是指色彩配合的差异性，通常是由对比色甚至互补色配置而得到。虽然上述两种配色方式能够给人带来不同的感觉，但色彩的统一和色彩的对比都能够使视觉色彩达到相互调和的效果。

1. 色彩的统一

色彩的统一，使纺织品呈现出和谐、安静、稳定的整体氛围。在纺织品色彩的设计中，色彩的均衡、色彩的提炼、色彩的调和和色彩的呼应可以达到色彩统一的视觉效果。

（1）色彩的均衡

均衡是形式美的基本法则之一。一般而言，纺织品的均衡是形、色、质等在视觉中心轴线两边的平衡，以及视觉上获得的安定感。色彩构图的均衡并不一定指各种色彩所占有的量，包括面积、明度、纯度、强弱的平均布局，而是指依据画面的构图，取得整体上的均衡。如纺织品的明度、纯度、色相在两端保持平衡，并且其形状、面积、位置保持基本一致。整体而言，体现出冷或暖、快或慢、轻或重、软或硬、大或小、远或近、华丽或质朴、活泼或庄重的色彩倾向，使色彩在人们的心理感受上保有一致性和协调性。

图3-32 未来，色彩的提炼，刘格雨，2021年

图3-33 白鹭，单性同一调和，贾悦，2022年

同时，在一致性和协调性的基础上，结合纺织品的使用功能、使用人群和使用场景，凸显出纺织品色彩的变化。

（2）色彩的提炼

色彩的提炼指在配色过程中，减少色彩使用的种类，使色彩元素单纯化。少许颜色的构成，使色彩表现出整体划一、高度概括的倾向。色彩的提炼符合纺织品设计中的套色原则，一件产品上需要印染多少种颜色，就称为几套色，在纺织品丝网印刷、染色等工艺中时常出现。有限的色彩搭配考验了设计师的形体概括和色彩提炼能力，通过有限的色彩搭配表达出纺织品的主题内容和形式美感，不仅大大减少了纺织品制作的工序和成本，还凸显了纺织品图案的主体，使其更富有视觉冲击力（图3-32，参见附录彩图32）。

（3）色彩的调和

色彩的调和即是色彩在色相、明度、纯度的关系中，一种或两种色彩要素不变，变化其他色彩要素。当三种要素有一种要素相同时，称为单性同一调和，有两种要素相同时称双性同一调和。在纺织品设计中，色彩的同一调和能给人带来和谐、大方、含蓄的感觉。

单性同一调和，即指色彩三要素中至少有一种色彩要素相同。同一明度调和是指变化色相与纯度，明度不变，同一色相调和是指变化明度与纯度，色相不变（图3-33，参见附录彩

图33），同一纯度调和是指变化明度与色相，纯度不变。

双性同一调和，即指至少一种色彩要素相同，如同色相与同纯度调和（变化明度）、同色相与同明度调和（变化纯度）、同明度与同纯度调和（变化色相）。与单性同一调和的颜色相比，双性调和的同一色相调和，颜色之间出现色彩一致性的程度更强。

（4）色彩的呼应

色彩的呼应，又称为色彩的关联。为了保持画面中的色彩相互联系，避免孤立的状态，色彩呼应的设计方法使不同位置的色彩重复出现，呈现出"你中有我，我中有你"的状态。色彩的呼应，在画面中相互照应、相互依存，重复使用的手法使纺织品更加富有整体性和统一性，从而展现出情趣盎然的反复节奏美感。

在纺织品设计中，色彩的呼应主要有分散法和系列法。分散法是让一种或几种色彩同时出现在纺织品画面中的不同部位，同一色彩在不同位置的分布，使纺织品的整体色调统一。系列法使一个或多个色彩同时出现在纺织品系列设计的不同位置中，多个作品组成系列设计。一个系列的不同作品相互组合，具有较强的关联性和完整性，使纺织品的搭配富有协同统一的意味（图3-34，参见附录彩图34）。

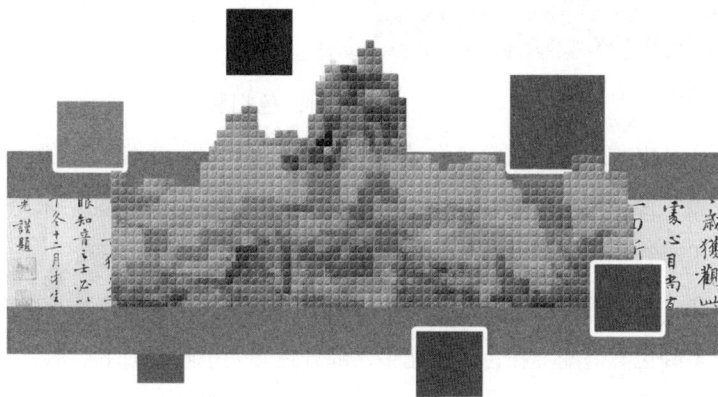

图3-34 色彩的呼应

2. 色彩的对比

在色彩的统一中，色彩的色相、明度、纯度三要素处于平衡状态。而色彩的对比则打破了这种平衡状态，色彩秩序的重新设置，使得画面更加活泼生动，富有生命力。在纺织品设计中，色彩对比的设计方法有色彩的层次、色彩的强调和色彩的节奏。

（1）色彩的层次

色彩的层次是色彩在某一空间或平面中所呈现出的前后距离感和空间感。色彩的层次主要从色相对比、明度对比、纯度对比来体现。色彩的冷暖、大小、远近、轻重、软硬、快慢可以使画面形成相应的阶梯层级，色彩对比越强烈，层次感也越明显，反之亦然。色彩与形体相结合，通过形态的大小、形态、排列、位置的构成，也可增强画面的层次感。

图3-35　色彩的层次

其一，色彩的层次通过色彩的渐变来体现。色彩的渐变是在对比强烈的色彩中，将色彩的三要素做等差、等比渐变，通过色相、明度、纯度的协调变化，使色彩对比变得柔和，形成色彩调和的效果（图3-35，参见附录彩图35）。色彩的渐变有色相的渐变、明度的渐变和纯度的渐变。在色相的渐变中，其明度或纯度大致相同，如彩虹色彩的渐变。明度的渐变按照深、中、浅的顺序，使同类色依次排列，色相和纯度保持大致相同。纯度的渐变是由灰到艳的色彩变化过程，在保持色相和明度相同的前提下，使其含灰量按照一定规律增加或减少。在纺织品设计中，许多面料采用吊染、晕染、手绘等工艺的渐变染色效果来取得纺织品色彩的对比调和。

其二，色彩的层次通过色彩的主次关系来体现。一般而言，一幅画面往往需要多种色彩搭配。在色彩搭配中，部分色彩处于画面的主要地位，起到主导色彩的作用，我们称其为"主色"。其他色则处于相对次要的地位，起到陪衬主色的作用，我们称其为"宾色"。主宾色的搭配构成了色彩的基本层次。色彩的主次关系通过色彩面积的调和来达到。色彩面积的调和是调整色彩在画面中所占面积的比例，扩大某一色彩面积、提高某一色彩比例，增强人们的视觉重点，使之成为主导色彩，形成统治与被统治的关系而取得调和。另外，我们可以通过色彩的空间混合来构成画面的主色调。

（2）色彩的强调

色彩的强调一般采用两组或两组以上对比强烈的色彩相互搭配，使画面呈现出主体鲜明、节奏明快的构成效果，其不仅活跃了纺织品的画面，还能够吸引人的视觉注意力。在纺织品设计中，多以点状、线状和面状的形态进行色彩的点缀、色彩的隔离和色彩的碰撞，来达到色彩强调的目的。

其一，色彩的点缀是利用小面积色彩与整体画面进行强对比的手法。在纺织品设计，通常以小面积的鲜亮色在大面积的灰暗色调中加以点缀，或以大面积的对比色在大面积的同一色中加以点缀，从而在整体画面中达到"画龙点睛"的效果。

其二，色彩隔离调和是以外轮廓来调和色彩的方式，一般使用无彩色的黑、白、灰或其他中性色彩，来区分画面中的不同区域，以消除各种颜色的排斥感。在波普艺术中，许多色彩艳丽的作品就是通过色彩隔离来进行调和的（图3-36）。在色彩过于接近的颜色之间插入一种隔离色，在色彩外缘饰以清晰的线型轮廓，将两组或两组以上的色彩进行隔离，会使它们的关系变得清晰，而在色彩差别过大的一组色中使用隔离色则可以起到调和色彩关系的作用。如在织物中，嵌条线和装饰线都可以通过色彩的隔离来增强织物的活泼感。

图3-36　色彩的隔离调和

其三，色彩的强调方式也不乏以强调色面积稍大来进行色彩碰撞的情况。如互补色、对比色的运用，使画面富有视觉冲击力。对比和互补色是在色相环中相距120°~180°的色彩，其对比强烈、刺激、醒目，能够在视觉生理上达到强烈的刺激感。在纺织品设计中，可采用新型的印染技术满足特殊的色彩要求，如金属色、荧光色、有色涂层等。

（3）色彩的节奏

节奏是在重复基础上的连续分段运动形式，色彩的节奏能在一定程度上表现出形态与色彩组织的规律性。纺织品色彩的大小比例、起伏变化，以及色彩的冷暖、明暗、浓淡、强弱、虚实，能构成不同的节奏。根据纺织品色彩的分布形态，有有规律的节奏和无规律的节奏。

其一，有规律节奏。重复是有规律节奏中最常见的一种，其按照一定的规律进行分布，并依照其规律可随意地平铺和延展，如我们常见的二方或四方连续图案。在纺织品的连续图案中，图案按照一定规律整齐排布，使色彩有规律地重复，在人们的视觉心理上产生平稳的节奏感。

其二，无规律节奏。无规律节奏是一种进行不规则重复的色彩应用方式，通过不同的大小、形状、组合和布局方式，形成无规律运动的节奏感。从视觉心理而言，无规律节奏打破了色彩的稳定感和平衡性，具有积极、跳跃、活泼的色彩效果，常出现于单独图案的花型设计中。

三、传统染色、刺绣工艺

在如今经济全球化的背景下，不同艺术文化之间的交流和碰撞愈加频繁。如何继承与发展本民族文化成为当今社会思考的主题。对于纺织品设计行业而言，传统文化与现代设计的融合既是机遇，也是挑战。传统工艺若没有现代设计，将随着历史的发展被时代淘汰。现代设计若没有传统工艺，将缺少立足于世界之林的民族根基。

对于纺织品设计而言，纺织工艺的运用一方面保证了对传统手工艺的传承，是民族文化血脉的象征。另一方面，纺织工艺富有变化的表现手法和细腻的语言特征使其在如软雕塑、环境艺术、服装设计、产品设计等诸多种领域中，发挥着难以取代的作用。在《纺织材料学》一书中，作者于伟东从纺织加工的进程出发，将纺织材料定义为"纤维、纱线、织物及其复合物"共四个组成部分。其中，纤维是纺织材料中最基础的单位，是构成纱线及织物的基本元素。将纤维材料加捻后形成纱线，纱线经过一定结构的织造后形成织物及其复合物。由纤维材料直接加工而成的面料则称为非织造物。在纺织品设计中，纺织工艺是处理纺织材料的手段，也是实现设计想法的手段，其中印、染、织、绣是最为基础的表达手段，只有适合的工艺才能将设计想法巧妙地表达出来。根据不同纺织工艺的艺术特点和制作流程，其设计方法也各不相同，以下将从蓝印花布工艺、扎染工艺、刺绣工艺来介绍纺织品工艺的设计方法。

（一）蓝印花布

蓝印花布是一种曾广泛流传于江南民间的中国传统印花织物，它以植物蓝草为染料，采用油纸版漏印工艺印染而成。蓝印花布历史悠久、造型优美，是中国传统手工艺之精粹，是独具代表性的民族艺术文化。其别致的艺术风格和深厚的文化底蕴，在中国工艺美术史中独树一帜。时至今日，蓝印花布不仅凝练了前人的智慧，也启迪着后人的思维，蓝印花布蕴含着深刻的美学价值和文化意义，在现代家纺设计中的运用仍对如今的设计领域有着借鉴意义，对传承本民族文化有着重要意义。

1. 蓝印花布的审美特征

蓝印花布古朴素净、秀丽雅致，是极富美感的印染艺术形式。其图案变化多端、疏密有致，无论是在构图、纹样还是色彩中，蓝印花布始终保有着它独特的审美特征。

蓝印花布的构图方式主要分为连续纹样构图（图3-37）、框架式构图（图3-38）和中心纹样组合式构图（图3-39），根据用途的不同，其构图形式也随之变化。在民间，蓝印花布时常被用于被褥、门帘、桌布、衣服、包袱

图3-37　连续纹样的蓝印花布　　图3-38　框架式构图的蓝印花布　　图3-39　中心纹样组合式构图的蓝印花布

等实用物品中，布料根据需要有不同的剪裁方式，剪裁方式的区别导致了图案构图的差异。蓝印花布按构图形式可分为"匹料"和"件料"。"匹料"俗称通用布，以连续纹样接版而成，构图规律整齐，可以任意剪裁，通常使用于服装、门帘、被褥等大面积的纺织品中。"件料"俗称专用布，"件料"根据物品的用途，可分为框架式构图和中心纹样组合式构图，着重突出中心纹样、层层相扣的特点，多用于枕巾、肚兜、头巾、围裙等有特定形状的纺织品中。

蓝印花布因镂刻工艺的限制，难以绘制细腻的图案，因此，蓝印花布的纹样大多以概括、夸张、变形的手法，表现平面化的造型形态。为了防止油纸版漏印后，防染浆脱漏，蓝印花布的纹样往往采用分离式的点、线、面来描绘，巧妙地利用线条的粗细、长短、曲直来刻画物体的形态和肌理，将它们以不同的大小、形状、疏密有机地排布，构成蓝印花布中一个个鲜活的形象。蓝印花布巧妙地将其工艺限制转换成其独特的造型形式，使图案富于抽象的美感，简洁而不失个性。

蓝白相间的色彩是蓝印花布最鲜明的审美特征。根据其印染方法的不同，蓝印花布可分为蓝地白花（图3-40）和白地蓝花（图3-41）两种色彩构成方式。虽然蓝白色调朴实无华，但却蕴藏着深刻的哲学思想。蓝印花布中的靛蓝色即为中国古代五色观的青色，亦称"生命"之色，它象征着春天草长莺飞的生命复苏之景象。靛蓝色与白色的搭配顺应了中国古老典籍《周易》所述的互补共生的阴阳观，印证了对比与统一、阳刚与阴柔之美。

图3-40 蓝地白花的蓝印花布　　　　图3-41 白地蓝花的蓝印花布

传统的蓝印花布采用粗棉布和土布作为面料，将镂刻有图案的桐油纸覆盖于织物之上，以黄豆粉和石灰作为防染染浆，将图案漏印于织物表面。再从天然的蓝草中提取靛蓝作为植物染料，将防染后的织物在染料中反复侵染。在织物干透后，刮去织物表层的防染浆，美丽的蓝白图案便显露了出来。蓝印花布是天然材料与手工印染的结合，在无言中传递了道家"崇尚自然、天人合一"的思想内涵。蓝印花布的美承载着它连绵不绝的生命力，使蓝印花布在百花齐放的民族手工艺中源远流长。

2. 蓝印花布的文化内涵

蓝印花布始于春秋战国时期，兴盛于明清时期，至今已有上千年的历史。在这上千年的演变历程中，蓝印花布被赋予了许多历史意义和文化内涵。

蓝印花布的题材丰富，或山水花鸟、抒情逸致，或戏文典故、寄情于兴。其中，以动植物为题材的图案最为常见，它们采用谐音、暗喻、类比等手法命名，如"连年有余"便是以"莲花"和"鱼"的谐音"连"和"余"来表达对富足生活的期待，形成以莲花、莲蓬和鱼三种元素所构成的吉祥纹样（图3-42）。"喜上眉梢"则是借以"喜鹊"和"梅梢"两种元素，来表达人们对喜事临门的美好愿望（图3-43）。还有"双鱼吉庆""万事如意""福寿多子""瓜瓞绵绵"等，这些图案无不抒发了民间百姓对美好生活的热切诉求，寄托了人民大众对自然景物的热爱之情。

图3-42 "连年有余"
蓝印花布

图3-43 "喜上眉梢"
蓝印花布

至元末黄道婆改革棉纺织技术之后，蓝印花布的题材发生了变化，从原来的花鸟鱼虫，演变成了戏曲人物，如《西厢记》《打八仙》《天门阵》《渔家乐》和《拜团圆》等。蓝印花布将戏曲中的"说、唱、念、打"以视觉形式呈现，惟妙惟肖地为我们讲述着戏中的人物和故事，以花布的形式传承着戏曲文化的内在精神。蓝印花布借以其丰富的图案题材，记录了中国民间历史的沧海桑田，传扬了中国传统文化的精神所在。

3. 蓝印花布的应用价值

蓝印花布在绵长的历史发展中，被赋予了丰富的美学价值和文化意义。无论是在内容还是形式上，蓝印花布都沉淀着厚厚的文化积蓄，是中国传统文化中不可抹去的一抹鲜丽。然而，随着工业化的发展，人们愈加追求快速而高效的生活方式，细致、从容的传统手工艺逐渐走出历史的舞台。若要在历史的发展中葆有活力，中国传统手工艺需要演绎出新的生命形式——一种适应当代社会的生命形式。而设计作为一门为现代人服务的学科，它肩负着创造精神与物质活动的责任。因此，研究中国传统工艺与现代设计的结合是传承与发展中国传统文化的必经之路。

（1）历史文化价值

蓝印花布历史悠久，早在春秋战国时期人们即已熟练地掌握了蓝染技术，在北朝就出现了用镂空花版和防染剂制作的蓝底白花布。随着元朝棉纺手工业的发展，蓝印花布的印染技术趋于成熟。在资本主义萌芽的明清之际，蓝印花布已普遍流行于民间，形成织机遍地，染坊连街、河上布船如织的壮观景象。清朝康熙时期所编著的《古今图书集成》考证曰，"斑药布俗名浇花布，今所在皆有之。"体现了蓝印花布当时发展无比盛行之态势。

蓝印花布在这漫长的发展历史中，吸收了民间印染艺术之精华，记录了市井百姓生活的变化。它题材之丰富、造型之多变，可谓凝结了中国百姓千百年的勤劳和智慧，其历史文化价值不容小觑。将蓝印花布运用在家纺产品中，不仅可以唤醒人们对传统文化的记忆，提高人们的民族文化认同感，更是在潜移默化中感染着人们的民族情怀。

（2）经济价值

蓝印花布在家用纺织品设计中的运用，其经济价值主要表现在两个方面，一是提升中国品牌在国际市场的竞争力；二是赋予了产品绿色环保的意义。

随着经济全球化的发展，中国家用纺织品发展面临着机遇与挑战。中国本土品牌走向世界，对提升国内经济水平和发展中国文化软实力有着重要的意义。而发展中国本土品牌需要研究和运用中国独有的民族文化，使现代设计具有民族根基，是中国品牌屹立于世界之林的根本。尤其在家用纺织品风格多元化的今天，只有纺织品的设计具有民族特色，才能在众说纷纭的国际品牌中脱颖而出。家用纺织品设计将民族性与时尚性相结合，不断推陈出新，才能在竞争激烈的国际市场中葆有活力。蓝印花布作为中国传统文化中，个性鲜明、风格独特的民族艺术，它在家用纺织品中的运用势必掀起一股中国风潮流。

在环境问题日益严峻的当今社会，可持续发展成为各个产业需要关注的课题。蓝印花布的绿色生产方式与当今可持续发展的主题不谋而合，蓝印花布采用纯天然的面料和染料，以纯手工的方式进行印染。将蓝印花布的工艺手法融入现代家纺设计中，可有效的避免生产上的污染与浪费。天然染料取代了化学染料，亦是增加了家用纺织品面料的舒适性和健康性。我们倡导环境保护不应是纸上谈兵，而应该将理论与实践结合起来，通过环保的生产手段减免工厂生产所带来的环境污染问题。由此看来，蓝印花布的绿色生产手段在当今家纺设计领域中有着十分重要的环保意义。

（3）美学价值

随着经济的发展，人们对纺织品的需求逐渐从保暖功能转向审美功能，纺织品设计在现代社会的作用越来越突出。然而，在家纺市场中，纺织品设计面临着图案样式单一、款式千篇一律的现状。为适应审美多元化的消费者市场，纺织品设计需要进行不断的创新。而蓝印花布拥有丰富的表现形式，这对于现代家纺设计有着重要的借鉴意义。

家用纺织品根据其用途与题材的区别，构图形式也有相对的改变。蓝印花布的构图形式多样，与现代家用纺织品设计的构图方式相契合。研究蓝印花布的图案对现代家纺设计构图形式的丰富有着促进作用。

蓝印花布的图案以简洁明晰的风格而著称。其纹样大多高度概括，色彩为蓝白两色，贯彻了简约主义的设计理念。而简约主义的家用纺织品是时下最为流行的设计风格之一，蓝印花布所传达的自然简约理念符合于当下的时尚潮流。

4.蓝印花布的设计应用

在当今的家用纺织品市场中，设计师越来越注重中国传统元素的运用，许多蓝印花布的家纺产品应运而生。在现有的家纺产品中，蓝印花布的运用主要以两种方式表现，一是直接将蓝印花布的图案运用在产品中，通过款

图3-44　家用纺织品之一

图3-45　家用纺织品之二

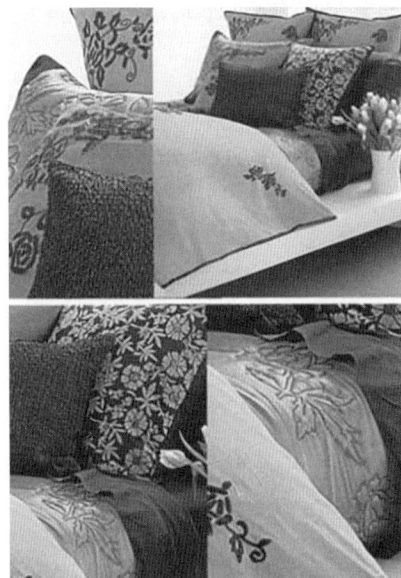

图3-46　家用纺织品之三

式、面料的设计达到创新的目的；二是间接应用蓝印花布，拆解蓝印花布中的图案元素进行再创作，重构出一幅蓝白相间的新画面。

（1）直接应用

直接应用是将传统蓝印花布的图案元素不加改变地运用在现代家纺产品中，通过款式、面料、工艺的改变使产品符合现代人的生活需求。这种应用方式在旅游纪念品中颇为多见，它完好地保留了传统蓝印花布的文化韵味和古典气息。同时，相比传统蓝印花布，更富有实用价值。

如图所示，家纺产品采用了直接应用的方式。家用纺织品之一（图3-44）和家用纺织品之二（图3-45）的图案分别来源于蓝印花布中蓝地白花和白地蓝花的缠枝花纹样，以连续纹样的构图方式铺满画面。其中，家用纺织品之二（图3-45）的床上用品在剪裁方式上略作改变，打破了连续纹样的整体性，丰富了图案在视觉上的变化。在家用纺织品之三（图3-46）中，设计师提取了蓝印花布图案中的单独的纹样元素，采用绗缝工艺进行表现。传统蓝印花布图案与现代工艺的融合，释放出中国传统艺术新的生命力。

（2）间接应用

间接应用方式相比直接应用方式，表现手法更为多样，风格样式更为多变。蓝印花布在家纺设计中，间接的应用方式打破了传统蓝印花布图案的造型原则，拆解蓝印花布的图形重新创作，演绎出新的表现形式。在颜色搭配中，蓝白相间的图案保留了传统蓝印花布的配色方式，让人依旧可以从中品察出蓝印花布的审美特征。

在家用纺织品之四（图3-47）和家用纺织品之五（图3-48）中，两款床上用品都将蓝印花布的图案进行了变形演绎。家用纺织品之四将白地蓝花的植物纹样作为其中的一个图案元素，以百家布的拼接形式点缀于大面积的几何纹样中，采用不同明度的蓝色将不同的肌理纹样进行了区分。家用纺织品之五的图案则是将蓝印花布中的剪影式构成方式转换成了相互连接的线条进行描绘，与不同的肌理纹样进行拼接。这种应用形式增加了图案的多样性，使纺织品具有更丰富的装饰效果，同时保留了蓝印花布的民间韵味。

家用纺织品之六（图3-49）和家用纺织品之七（图3-50）中的家用纺织品抛弃了蓝印花布的既有图案，结合现代元素重新创作出了蓝白相间的纺织品图案。在家用纺织品之六中，其床头软包采用了英文字母的排列组合，通过字母的疏密变化设计成为新的画面。其抱枕图案的圆形是以橄榄枝的形态变化而成，中心图案采用了现代的花鸟形态。在家用纺织品之七中，图案采用了海洋热带鱼的元素，由小鱼组成大鱼的形态。虽然这两款家用纺织品设计并未直接用到蓝印花布的图案元素，但依然秉承了蓝印花布的整体风格。现代图形元素的运用使家用纺织品更具有时尚性，展现出现代人的审美趣味和生活情调。

蓝印花布蕴藏着中华民族独特的精神内涵和审美感受。经历岁月的涤荡，散发出越来越迷人的魅力。尤其在这个飞速发展的社会环境中，蓝印花布给人带来了宁静致远的感悟和尽洗铅华之气韵。蓝印花布的美在当下仍具有深刻的蕴意，新鲜血液的注入让蓝印花布文化重燃于九州四海，向世人展现了它焕然一新的创造力和持之以恒的生命力。

（二）扎染

中国传统染色历史悠久，我国是最早开始养蚕、

图3-47　家用纺织品之四

图3-48　家用纺织品之五

图3-49　家用纺织品之六

图3-50　家用纺织品之七

缂丝、刺绣、织锦的国家。中国传统染色多采用防染工艺进行染色。防染工艺，是指织物在染色的过程中，利用工具或材料覆盖在织物表面之上，以此进行防染，使不希望染色的织物区域不被染料附着。而没有被防染的地方，则能够吸附染料，然后进行染色。由于织物有防染的处理，因此织物会呈现出深浅不一的图案效果。根据防染工具和材料的不同，中国传统防染技艺有绞缬（扎染）、蜡缬（蜡染）、夹缬（夹染）、灰缬（灰染）等，其中蜡染、扎染和夹染并称中国三大防染工艺。

在中国传统防染技术中，扎染是最为浓墨重彩的一笔。扎染艺术，古称"绞缬""扎缬"和"夹缬"。扎染艺术是将织物扎结而进行防染的民间染色技术，其工艺流程在宋朝所著的《资治通鉴》中有明确的记载。该工艺手段首先将织物进行脱浆处理，利用针、线、绳、板等工具，通过缝、扎、缚、缀、夹等手段进行织物防染，避免织物与染料接触。调制好染料后，将扎结好的织物浸入染料。等待染色完成后，将防染介质拆除，织物晾干即可呈现出人意料的美丽图案。因其独特的染色工艺，人们常称扎染艺术为"没有针线的刺绣""不经编织的彩锦"。

扎染工艺最早出现于秦汉时期，至今已有上千年的历史。在唐宋时期，因扎染艺术古朴而富有变化的纹样效果，曾被广泛地运用在妇女的服饰中。随着扎染技艺的成熟，在明清时期，扎染工艺已普遍运用在了人们的居家生活中。近30年来，扎染作坊在云南大理的少数民族区域逐渐发展壮大，反映出了民间艺术文化的繁荣。在2006年，扎染艺术已被国务院批准入选《第一批国家级非物质文化遗产名录》。随着现代化工业生产的发展，扎染艺术不再局限于民间的手工艺作坊，在服饰纺织品、室内纺织品、艺术创作等领域中，都可以看见扎染艺术的身影。

1. 扎染的制作工具

扎染艺术之所以在世界广为流行，并受到世界各地人们的喜爱，是因为扎染艺术独特的制作工艺特点，其工艺形式十分丰富，工艺的效果也非常自由。扎染艺术的制作工艺流程主要分为四个部分，分别是染前准备、扎花、染色和染后处理。一般来说，在染前准备阶段，需要准备扎染的面料、扎染的染料、扎染的工具。

首先要准备扎染的面料。手工扎染面料一般以天然纤维和人造纤维为主。其中天然纤维有棉、麻、毛、丝绸等，其中棉、麻是植物纤维，丝、毛是动物纤维，石棉是矿物纤维。人造纤维有再生纤维、半合成纤维和合成纤维。在染色时，根据制作产品的不同，选择不同的面料进行扎花和染色。因为面料的不同，染色的工艺、工序和效果也各有不同。

准备好面料之后，便是染料的准备环节了。平常扎染常见的染料有天然染料和化工染料。化工染料有直接染料、酸性染料、还原染料、硫化染料等。化工直接染料价格低廉，颜色较多。在平常扎染时也会用到直接染料来染色，它的染料呈粉末状，只要兑入清水便能开始染色，其工艺流程更加快捷方便。

天然植物染料在一些少数民族地区的传统扎染工艺中相对常见，但是天然染料相对化工直接染料来说，加工提取的工艺比较复杂，产量少，价格贵，因此在大批量化的生产中不那么常见。天然染料有蓝草、茜草、红花、苏木、栀子、槐花、紫草、姜黄等。

前文提到了扎染是运用各种捆绑、打结、缝纫、折叠等手段进行防染的工艺。由于扎染艺术需要进行各种各样的防染处理，所以扎染运用到的工具也特别的繁多。因此，需要提前准备防染的工艺，而防染手段的不同，需要准备的工具也是不一样的。例如，扎染的工具有各种线、绳、带、网袋、缝衣针、薄板、夹子、毛笔、注射器等，在不同的扎花手段中，起到了不同的作用。例如，可以用橡皮筋、线、绳来捆绑面料；可以用缝衣针在面料上进行缝纫；可以用薄板、夹子将面料夹在一起；或者用毛笔、注射器进行局部染色。

2. 扎染的工艺流程

扎染分为扎花和染色两部分。展开来说，扎染艺术的制作工艺流程有退浆、绘图、扎花、浸水、染色、冲洗、拆线、漂洗、晾干、熨烫等。

首先要进行面料脱浆的处理，由于纺织品常常有浆料、油质、助剂等杂质，因此，需要将这些杂质进行去除。这样面料才更容易上色。一般来说，在面料脱浆时，先将水煮至75~85℃，加入适量洗衣粉或者纯碱，搅拌让其充分溶解，再放入面料，让面料全部浸入水中，并进行翻煮。煮10~30分钟，进行捞出、冲洗，杂质便可以去除。待面料晾干后熨平，然后进行下一步的操作。

完成退浆的工艺之后，就可以在面料上绘制图案了。一般可以运用铅笔或者水消笔，在面料上进行绘制，也可以运用拷贝纸在面料上进行过稿。这种绘图方式，往往用于图案的细节要求更加精细一些的设计中。因此，需要对设计的图案进行拷贝和拓印。然而，根据设计习惯，也可以不进行绘制，这样扎染的方式也相对自由一些，不会受到预想图案的限制，也会出现出乎意料的效果。

在设计好图案之后，便可以开始扎花的环节。扎花是扎染中最重要的环节之一。扎染的扎花手段往往决定了扎染最后的呈现效果。扎花，即在选好布料后，按花纹图案的要求，通过纱、线、绳等工具，在布料上分别使用一定的方法，比如折叠、翻卷、缝缀、缠绕、捆绑、打结等，使面料成为一定的形状，然后用针线一针一针地缝合或缠扎，将其扎紧缝严。其目的是使织物扎结部分不被染色，起到防染的作用，而未被扎结的部分就会被染色。从而形成深浅不均、层次丰富的色彩效果。在扎花之后，布料变成一串串的面料"疙瘩"。

扎花后的下一个步骤，便是染色。染色是将扎好的布料先用清水浸泡，使面料全部湿润，这样染色效果会更加均匀。之后，再把捆扎好的面料放入先前调制好颜色的染缸里进行染色。根据染料的不同，染色的方法也各不相同。如果是直接染料，将面料浸泡5~15分钟之后，便可以捞出。如果是酸性染料，则需要浸泡20~30分钟。同时，可以用冷水浸泡冷染，也可以用热水加温热染。在面料缝了线的部分，因染料浸染不到，所以就留白，形成了特定图案。

浸染到一定的程度后捞出，进入了染后处理的环节。首先，将布料放入清水，将多余的染料漂除，再拆去之前捆扎好的线结，进行漂洗。在晾干之后，将面料熨平整。这样扎染面料就完成了。由于在缝扎的手法各不相同，针脚不一，染料浸染的程度也不一样，因此，染色效果带有一定的随机性，尽管扎花的手法相同，但是染出的成品几乎没有一模一样的。

3. 扎染的扎花技法

在扎染艺术中，这些形态各异的，美丽的图案是怎么制作出来的呢？扎花根据其种类，染出来的图形是各不相同的。常见的扎花工艺有捆扎法、折叠法、缝绞法、包扎法、任意皱折法、结扎法等。

（1）捆扎法

圆形捆扎法是扎花工艺中，较为简单的一项扎花手法。只需要揪起面料的一点，从圆心向外用绳进行缠绕和捆扎，就可以完成对面料的防染，其染后的效果一般呈现出放射状的圆形（图3-51）。圆形的大小、纹理随着捆扎方法的不同，而呈现出不同的变化。分段捆扎法，是将织物顺成长条，在进

行折叠处理后，用绳捆扎。它染色后的效果多为连
续的长条水波纹状。卷绕捆扎法是将布料按照一定
的规律进行卷绕，并用线捆好，染色后可呈现出鱼
鳞纹的效果。

（2）折叠法

折叠法是扎染中应用最广泛的技法，对折后的织
物捆扎染色后成为对称的单独图案纹样，一反一正多
次折叠后可制成二方连续图案纹样。同时，将织物折
叠后，也可利用木板、竹片、竹夹织物夹住，然后用
线或绳捆绑进行防染，夹板之间的织物形成冰纹的效
果，黑白相间，主次分明，色晕丰富（图3-52）。

（3）缝绞法

缝绞法是用针线进行缝纫的防染方法，其制作
出的图案效果较为具象，可直接加工出各种各样的
线性图案（图3-53）。其用针穿入针线，沿着设计
好的图案在面料上缝纫处理后将线进行拉紧抽褶，
在染色后，线迹经过的部分留有图案。缝绞法较为
灵活，可以充分准确地表现出设计师的图案及创作
设计意图。

（4）打结法

打结法是将织物通过对角、折叠的方式进行折
曲后，再进行打结与抽紧的防染处理的扎染方法。
打结的方式一般有四角打结、斜边打结、任意部位
打结法等。打结结扣的部分留有图案，与织物的褶
皱形成丰富的肌理效果（图3-54）。

（5）包花法

包花法是在织物中包入一个或多个物体，再用
绳或线将织物与物体扎紧，使物体被包裹于织物之
中，依照物体的形态，物体与织物接触的形状各
异，使织物染色的效果各不相同。图3-55是运用玻
璃球作为织物包裹物的染色效果。

图3-51 捆扎法效果图

图3-52 折叠法效果图

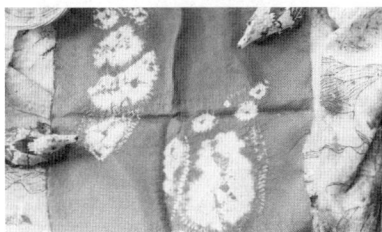

图3-53 缝绞法效果图

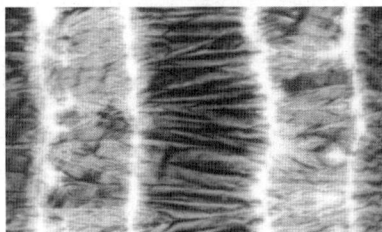

图3-54 打结法效果图

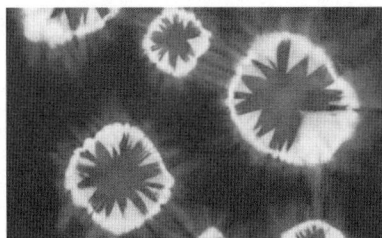

图3-55 包花法效果图

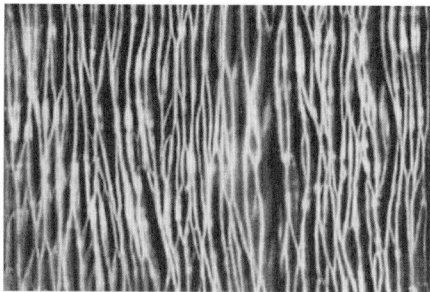

图3-56 卷扎法效果图

图3-57 皱折法效果图

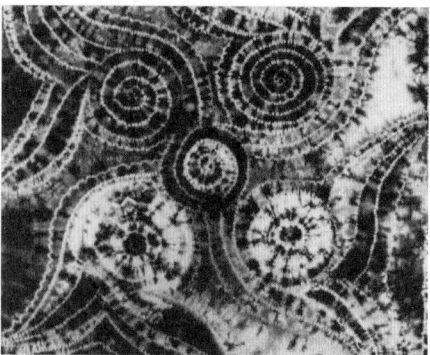

图3-58 综合扎法效果图

（6）卷扎法

卷扎法是将织物卷绕在笔杆、筷子、钢管等棍状物体的表面上，然后将织物用力向中心挤压，织物围绕着棍状物体，形成密密麻麻的长条状褶皱，之后用绳或线扎紧织物。依照织物褶皱的纹理，可染出波光粼粼的水波纹效果（图3-56）。

（7）皱折法

皱折法，又称云染法，因其似云朵般的晕染效果而得名。首先，将准备好的织物进行任意褶皱，形成团状。其后，加以捆绑固定，进行反复捆扎染色，褶皱越密，其花纹越细，褶皱越松，其花纹越散。其染色效果层山叠嶂、虚实相间、色晕丰富，如大理石的纹理一般（图3-57）。

（8）综合扎法

综合扎法是将以上任意扎法加以综合应用，如捆扎法和折叠法，如缝绞法和皱褶法，多种扎染方法的组合可使面料得到意料之外的丰富绚丽效果。图3-58便是综合运用了缝绞法和捆扎法而形成的美丽图案。

4. 扎染的艺术特征

扎染艺术象征着民族文化的繁荣，它独具风格的审美形态让它在百花齐放的民间手工艺中自成一格。扎染艺术的美不是只言片语所能描绘的，其朴素的工艺技艺和别有韵味的纹样色彩都是它的美的组成部分，唯有细细品味，我们才可以发现其匠心独运的美。

（1）工艺之美

扎染艺术具有工艺之美。在上文中提到，扎染艺术工艺集脱浆、扎结、染色、晾干等流程为一体，其中扎结和染色是扎染艺术中最主要的两道工序。织物的扎染方式直接影响着织物染色后所呈现的最终效果，并且扎结的手段十分丰富，可运用缝、扎、缚、缀、夹等手法将织物进行塑造。在织物扎结的过程中，扎结的位置、松紧、扎结所用的材料都会使织物与染料产生不同的反应。

然而，受到扎结方法和染料浸入程度等因素的干扰，扎染艺术的染色效果并不能够被准确预测，其所呈现的效果往往具有一定的偶然性和延展性。这出乎人意料的工艺手法，是造就扎染艺术纹样和色彩之美的巧妙诱因。所以，在扎染艺术的创作过程中，顺应与影响扎染工艺的结果也是十分重要的，只有与自然相互协作才能完成一幅完美的作品。也正因如此，扎染艺术的工艺技术体现出了人在自然运作中的局限，也反映出中国古代人与自然协作的天人合一的精神与理念，可谓艺术与自然的天作之合。

（2）纹样之美

扎染艺术具有纹样之美。扎染艺术的纹样形态多变、寓意丰富，具有一定的辨识特征。由于其工艺特点的不同，在民间扎染艺术中有单独纹样、对称纹样和连续纹样等纹样形式。然而，随着印染技术的提高和完善，在现代扎染艺术中，扎染纹样已不局限于传统纹样的形式，发展出千变万化的更具有艺术性的图案。

由于扎染工艺的防染特性，扎染纹样多以简练概括的图形为主，防染的线条与块面共同构成画面中概括而又不失细节的扎染图案。尤其在民间扎染艺术中，以几何纹样、植物纹样、动物纹样等最为常见。在云南大理白族扎染的台布中，运用了抽象的艺术语言，通过寥寥几笔，疏密有致地将鱼和莲花的形象勾勒出来，表达出对生活"连年有余"的美好期许。染色的肌理效果也是扎染艺术中不容忽视的细节。不同的扎结方式与防染材料的选择使织物染色后产生不同的肌理效果，肌理纹样自然而灵动。在黄秀金的《葵花姑娘》扎染艺术作品中，作者巧妙地将扎染纹理与植物脉络相结合，栩栩如生地描绘出葵花与姑娘的美丽形象，精致的肌理效果充分展现出扎染艺术语言丰富的层次感，塑造出耐人寻味的审美情趣（图3-59）。

图3-59　葵花姑娘，黄秀金，扎染艺术作品

　　纹样的重复与变化是扎染艺术中重要的表现方式之一。由于扎染的扎结手法可将面料重叠进行缝缀或打结，因此，二方连续性、四方连续性、对称性等构图方式经常出现在传统扎染纺织品中，并拥有很长的历史。如新疆吐鲁番所出土的北朝时期的绞缬绢是以四方连续的扎染纹样组成的。连续性纹样构图饱满，不同元素之间相互联系、层层递进，体现出民间扎染艺术端庄、大方的重复之美。在云南大理白族扎染的圆台桌布中，民间艺人以同心圆的构图方式，将不同纹样有序排列，富有韵律和节奏感。日本艺术家片野元彦的扎染艺术作品中，在重复纹样的有序排列下，画面静谧幽远却又不失活泼（图3-60）。

图3-60　片野元彦（日本），扎染艺术作品

　　虚实关系的变化在扎染艺术的表现方式中体现了非常重要的作用。织物韵染图案与色彩的变化丰富了画面的层次感，使画面结构层层相叠，色彩错落而不失秩序感。武剑锋扎染与摄影的跨界艺术作品《星空》，作者在原有风景的基础上，运用扎染手法表现，不仅增加了层次感，丰富了画面的内容，还让观众体会到摄影与扎染两个时空的虚实交织与重现（图3-61）。

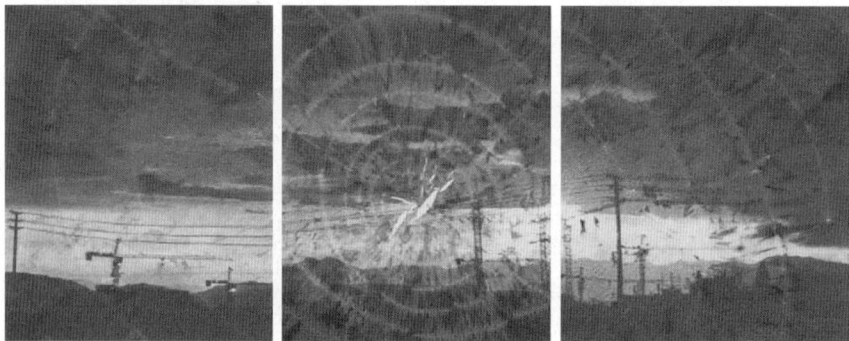

图3-61　星空，武剑锋，扎染艺术作品

（3）色彩之美

扎染艺术的色彩效果千变万化，不同染料与面料的反应创造出了扎染色彩表现的丰富可能性。晕染、调和、渐变等色彩效果不仅丰富了扎染画面，也为扎染图案增添了趣味性和可读性。

色彩的晕染效果是扎染艺术中最为独特的表现元素之一。由于扎染艺术制作过程中，受到扎结的强度、松紧等因素的影响，染色后会得到不同的晕染色彩和肌理效果，体现出如中国水墨画般渐变、留白、朦胧的生动气韵。在面料与水及染料的作用下，扎染的晕染效果展现出独一无二、难以复制的美。焦宝林所创作的扎染系列作品，充分地展现了扎染工艺中的晕染效果，晕染色彩层层相融，丰富而生动，与扎染图案相得益彰。

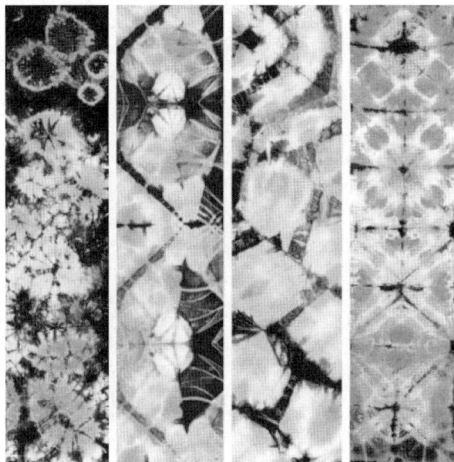

图3-62 丝绸扎染长巾系列之一，
焦宝林，扎染艺术作品

除了晕染效果，多种颜色的搭配和融合也体现出了扎染艺术的色彩之美。在多种颜色的染色过程中，由于染料的覆盖性差异，通常将面料从浅至深进行染色。不同染料之间相互渗透、相互融合，产生新的颜色或色彩倾向。多种色彩关系统一在同一幅画面中，缤纷而不失优雅，含蓄而不失热情。在焦宝林的丝绸扎染长巾作品中，艺术家运用多种颜色进行搭配和叠加，层次分明、衔接自然、色彩鲜丽，体现出不同颜色在扎染艺术手段下表现的多变性和共融性（图3-62）。在黄秀金的《荷花》系列作品中，作者充分利用了染料调和的特性，荷花、荷叶与背景的颜色相互渗透，深浅富有变化，拉开了主体物与环境的层次，斑驳的色彩丰富了画面的细节，塑造出荷花的碧叶翠盖的优美形态（图3-63）。

图3-63 荷花，黄秀金，扎染艺术作品

（4）肌理之美

扎染艺术更有着肌理之美。由于扎染的工艺特性，多以捆绑、打结、缠绕、缝缀等方式进行防染。因此，在扎染的过程，常常出现高低错落、凹凸有致的肌理效果。扎染艺术的肌理效果，使织物富有细节，产生更多层次感。中央美术学院林芳璐的作品《当代装置与艺术家具》就运用了扎染艺术中的肌理效果进行扩展设计，使扎染中的扎花工艺成为作品的主要表达内容，使其富有丰富的细节（图3-64）。

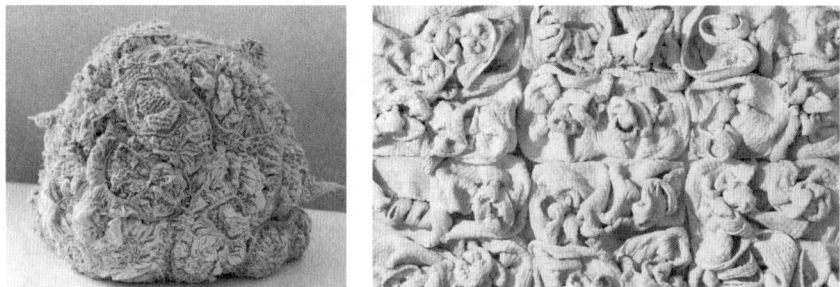

图3-64　当代装置与艺术家具，林芳璐，扎染装置艺术

扎染艺术以其独特的工艺技艺和丰富的造型语言，越来越受到人们的关注和喜爱。其原始而朴素的工艺手法，不仅体现出浓厚的乡土气息和民族风情，同时也折射出人与自然关系的巧妙联结。扎染艺术作为中国传统民间艺术文化，承载着中国人民上千年来与自然相协作的勤奋与智慧。在现代艺术家和设计师的共同努力下，随着扎染工艺的完善和题材的丰富，扎染艺术将从民族走向世界，以其独特的审美形态在世界之林中发扬中国传统艺术的光热与能量。

（三）刺绣

刺绣是传统女红技艺中不可忽视的重要组成部分。刺绣，又称为针绣、绣花等，指将成股的彩线穿引入绣针之中，以针为笔、以线为画，在纺织品上穿针引线，用针线在纺织品中绘制出细致的纹样。图案的呈现需要借助工艺来实现，纺织品图案往往以刺绣的技艺来进行表达。

1. 刺绣的工艺类型

在世代手工艺人的演绎下，产生了各式各样的刺绣手工技艺，如平针绣、打籽绣、盘金绣、三蓝绣、贴补绣、锁绣、画绣等。这些刺绣技艺在纺织品设计中的运用各有千秋，形成了各具特色的工艺特点，使纺织品呈现出更加绚丽多姿视觉效果。

（1）平针绣

平针绣，又称为"直线绣"，用绣线以"之"字形在织物上来回行针，密密麻麻的线迹平铺开来组成块面，不同的长短线条描绘出特定的图形，以此勾勒出图案的外缘、填充图案的色彩。手工艺人可以依照所描绘的图案，随时调整大小、形状、布局、色彩等特征。平针绣刺绣风格平整、色泽光滑、工艺简单、构图自由，同时不失秩序感，是民间广为流传的刺绣方法，甚至由此衍生出其他刺绣工艺（图3-65）。

图3-65　平针绣示意图

（2）打籽绣

打籽绣是一种古老的刺绣方法。打籽绣用针引线在织物上绕圈，针线穿过线圈，并拉紧形成凸起的线结，使线结均匀地系于织物之上，再依照线结的排列和图案的设计，或换以不同色彩的绣线，在附近绣有第二个线结，以此类推，大大小小的线结颗粒紧密排布，以点成面，从而组成各种图案。密密麻麻的线结组合在一起，形成无数个凸起的颗粒，使织物更加结实耐磨，更加精致细密，且富有肌理感和立体感。起初，打籽绣多于织物的花卉植物中出现，后来逐渐运用于各种刺绣图案之中。打籽绣的制作工艺复杂，耗费时间较长，视觉效果精湛（图3-66）。

图3-66　打籽绣示意图

（3）盘金绣

盘金绣工艺精致而复杂，其方法主要分为盘金和刺绣两个阶段。首先，需要将几股丝线碾成一股强韧的绣线，并将金箔缠绕于几股丝线之上，金箔包裹于绣线之外，成为坚韧有力的金线用于刺绣。然后，将制作好的金线在织物上盘绕出特定的图案，以钉线绣的方式将线穿于金线与织物之间逐节固定，以线成面，在织物上填充出完整的图形。盘金绣工艺复杂，制作成本较高，富有奢靡华丽的视觉效果（图3-67）。

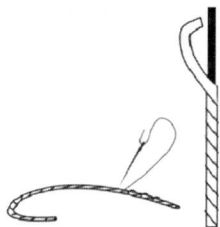

图3-67　盘金绣示意图

（4）三蓝绣

三蓝绣，又称为"全三蓝"，其色彩从青花瓷中提取而来，是清代苏绣的一种用色技艺。三蓝绣与平针绣的绣法相似，其区别在于采用深浅不同的蓝色绣线，按照色彩层次搭配，绣成富有变化的图案。三蓝绣虽然色相一致，但明度各不相同，如藏蓝、宝蓝、天青色相搭配，色彩共有三十余种，其过渡自然、色彩柔和、清新淡雅，在统一中富有变化，统而不乱、活而不闷，仿若有"青出于蓝，而胜于蓝"的意境（图3-68）。

图3-68　三蓝绣示意图

（5）锁绣

锁绣自从商代开始出现，其历史悠久，是我国最为古老的刺绣工艺。锁绣将绣线绕圈，形成环状的结构之后，在环状末端出针，于织物上固定，由此形成了一个环圈形的单元结构。依照此步骤，多个环圈形单元结构相连接，组成了链条状的形态，如辫子一般，故锁绣又称为"辫绣"。锁绣由点成线，由线成面，有环圈形，有链条形，亦有由链条组成的面，锁绣的不同形态组成了丰富的图案。不仅造型多变，又富有肌理感，是云肩中颇有审美价值的刺绣方法。锁绣如辫子一般，一圈又一圈地勾勒出图案的轮廓，密实排布填充出图案的色彩，形成设计好的装饰纹样，富有着细密的肌理与厚实的质感（图3-69）。

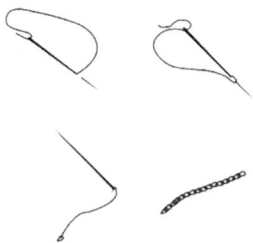

图3-69　锁绣示意图

（6）贴补绣

贴补绣是将一块或多块不同材质的织物粘贴或堆叠于另一块织物，并用绣线在边缘加以固定，形成特定图案的刺绣工艺。贴布绣的构成方式较为自由，不同的色彩、材质、工艺和组合方式，使织物富有趣味性和多样性。贴布绣运用了多种材料，或以绣线固定形成细致的肌理感，或以布帛叠加形成丰富的层次感，或以棉花填充形成饱满的立体感。不同的色彩、材质和工艺相互搭配形成了丰富的装饰效果，多搭配有平针绣、打籽绣和画绣（图3-70）。

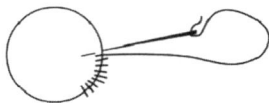

图3-70　贴补绣示意图

（7）画绣

画绣，顾名思义是将刺绣与绘画相融合的制作技艺，并因其半画半绣的工艺特征而得名。画和绣的大小比例各不相同，有以画为主的，有以绣为主的，亦有画绣参半的。画和绣的制作流程也略有不同。有先画后绣，手工艺人在晕染后的布帛上进行刺绣，依照画好的图案进行钩针锁边，不仅增添了细节，又使绣片更加结实牢固。有先绣后画，手工艺人在刺绣好的布帛上添以笔墨，以不同于针线表现方式，增添了图案的纹理，达到画与绣相谐和的效果。画绣的题材多为花鸟鱼虫，画绣晕染而来的渐变色彩和刺绣而来的精致图案，传达出温暖柔和的整体效果。

2. 刺绣的创新方法

综上所述，刺绣中的线迹如绘画中的笔触一般，不同的刺绣方法所呈现出来的工艺语言各有千秋，共同组成了千变万化的画面。刺绣作为中国的非物质文化遗产，其传承与创新面临着极大的机遇与挑战。如何传承与创新刺绣手工艺，使其在继承传统工艺的基础上，富有创新性和现代性，是当今设计师需要思考的主题。目前，设计师对于刺绣的创新主要体现在图案的创新、工艺的创新和材料的创新之中。

（1）图案的创新

刺绣作为纺织艺术的表现手段，其图案是刺绣艺术表达的主体，承载了艺术作品表达的观念与内容。而今，刺绣图案的主题内容和构成形式越来越丰富，刺绣图案的创新主要体现在刺绣图案主题的创新和刺绣图案构成的创新之中。

在刺绣图案的主题中，中国传统刺绣的图案丰富而多变，承载着中国传统文化中美好的寓意。随着明清时期吉祥纹样的滥觞，其刺绣纹样达到了"图必有意，意必吉祥"的地步，尤其在晚清时期，刺绣中吉祥纹样的使用达到顶峰。不仅有应用度较高的如意云纹、花鸟鱼虫、山水人物，又有戏曲故事、历史典故、神话传说、宗教仪式、家庭生活等题材。刺绣纹样构图严谨、造型规范、寓意丰富，不同纹样蕴含着不同寓意，还表达了人们对美好生活的寄托与展望。然而，随着时代的发展，刺绣的图案发生了巨大的变化。在西方艺术思潮的影响下，逐渐出现了新艺术运动图案、杜飞图案、立体派图案、欧普图案等。新图案的普及不仅改变了纺织品印花的图案风格，也对刺绣图案产生了较大的影响。现代艺术家和设计师打破了传统刺绣图案的范式，刺绣图案的题材越来越贴近于生活，构成形式越来越自由。刺绣图案的选择也不再局限于装饰效果，而重在凸显设计者的思想观念与审美情趣。

在刺绣图案的构成上，刺绣图案逐渐从具象走向抽象、从规范走向灵活。随着纺织工艺的逐步发展，中国传统女红技艺越来越成熟，传统刺绣的图案越来越精细化。刺绣艺术逐渐产生了分化，一方面是高超手工艺的极致追求，刺绣图案遵循着一定的审美范式，在图案构成中追求着对称、均衡、稳定之美。另一方面是对审美形式的多元探索，随着创作手法的丰富，现代刺绣图案不再局限于对称、均衡、稳定的构成形式，而是通过自由设计，打破了刺绣图案构成的完整性。在现代主义艺术思潮的影响下，现代艺术家在创作时更加注重思想观念和审美情趣的表达，而非对现实世界的模仿。因此，刺绣艺术家摒弃了传统艺术中模仿现实的造物思维，将重点放在了内心世界的表达上。随着刺绣图案的立体化和抽象化，出现了更加灵活、更加自由的表现方式。刺绣艺术家的作品不再局限于图案设计本身，而是着重于纺织面料的再造和刺绣肌理的探索。由此而来，刺绣图案逐渐走向简约、凝练、抽象的构成形式，给予了面料再造和肌理表现更多探索的空间。

（2）工艺的创新

传统刺绣的方式非常丰富，有平针绣、打籽绣、盘金绣、三蓝绣、锁绣、贴补绣、画绣等，为当代刺绣工艺的创新与发展提供了源源不断的方法和素材。如今，当代刺绣艺术在传统刺绣技艺的基础上不断创新，形成了焕然一新的面貌。刺绣工艺的创新主要体现在刺绣工艺的多元化和刺绣工艺的立体化上。

刺绣工艺的多元化。其一，刺绣工艺的多元化是指将多种刺绣针法相结合，使之相互搭配，综合应用于作品中。刺绣工艺的多元组合不仅丰富了画面构成的层次感，还增添了画面元素的趣味性。在刺绣艺术作品《蜕》中，作者将平针绣、锁绣、钉线绣等刺绣针法相结合，以线为笔，绣线松弛有度，通过调整不同针法之间的疏密关系，使线条由中心延展到四周，在打破画面的同时，展现出家雀勇于挣脱束缚化茧成蝶般的内在魄力（图3-71）。其二，刺绣工艺与其他创作手段相结合也是刺绣工艺创新表达方式之一，如绘画与刺绣的综合应用、印染与刺绣的综合应用、编织与刺绣的综合应用等。刺绣与其他工艺的融合，使作品形式更加丰富，凸显了作品的层次感和趣味性，增强了作品的可读性和艺术性。

刺绣工艺的立体化。设计师打破了传统刺绣平面表达的思维方式，创造出立体表达的刺绣方式。使刺绣图案立体化的方式非常丰富，如多种刺绣针法在织物上相叠加，利用绣线的肌理，使之呈现出立体的效果，或在绣线中

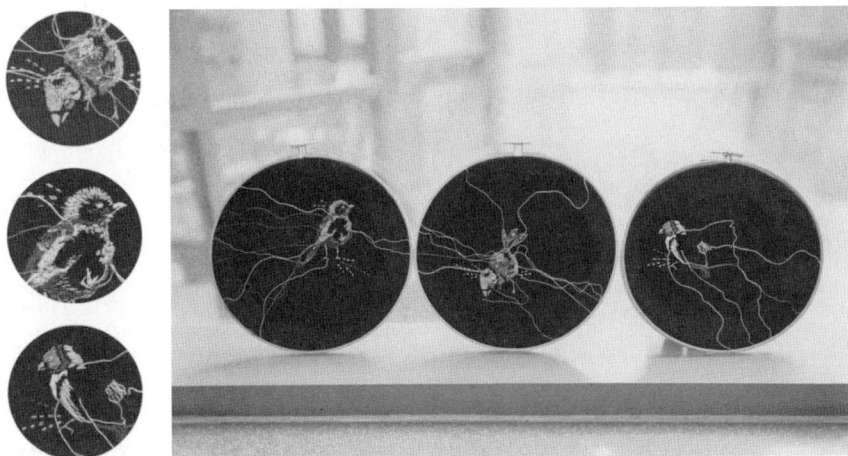

图3-71 蜕，梁之茵，刺绣艺术作品，2013年

填充物品，结合包花绣的刺绣方法，使绣线包裹的部分突出隆起。如在秘鲁艺术家安娜·特蕾莎·巴博萨（Ana Teresa Barboza）的刺绣作品中，作者打破了刺绣框架的局限，将绣线与织物相分离，采用编织或编结工艺，结线为网，使绣线成为刺绣作品的延展部分（图3-72）。

（3）材料的创新

在当代艺术家和设计师的演绎下，刺绣的材料越来越丰富，不再局限于丝线、棉线或毛线等材料，甚至许多非纺织材料也成为刺绣材料的主体。刺绣材料的创新，一方面是对刺绣绣线的创新，将传统纱线以外的材料作为绣线进行描绘，如鱼线、铁丝、布条等，使之成为画面的主体内容。另一方面是对刺绣底料的创新，如采用传统纺织品以外的材质作为刺绣的底料，如皮革、铁丝网、泡沫板、亚克力板等，使绣线在各种材质的绣料上来回穿梭，从而达到在刺绣材料上创新的目的。刺绣材料的创新打破了纺织艺术与其他艺术形式的界限，使之成为跨界艺术语言的表达方式。刺绣的工艺为其他艺术形式的创作提供了思路和方法，其他艺术形式也为刺绣材料的创新提供了更多可能性。

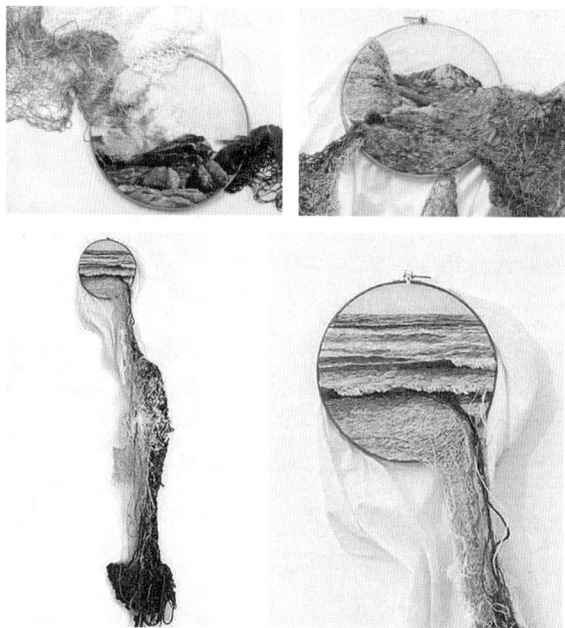

图3-72 安娜·特蕾莎·巴博萨，刺绣艺术作品

在澳洲艺术家梅瑞迪斯·伍尔诺夫（Meredith Woolnough）的叶脉刺绣作品中，作者在水溶布面上刺绣了叶脉的纹理，这种底布在水中会消融不见，只留下刺绣的纹理，镂空的部分形成叶脉的纹样，仿佛揭示了自然界生物的生长和衰老，细腻入微而灵动飘然（图3-73）。在黎光辉的系列作品《五味杂陈》中，作者采用彩色棉线在透明亚克力模特上刺绣，用

图3-73 梅瑞迪斯·伍尔诺夫，叶脉刺绣作品

视觉语言表达了"酸甜苦辣咸"五种味道（图3-74）。

图3-74　五味杂陈，黎光辉，纺织装置艺术，2015年

综上所述，刺绣图案的创新、刺绣工艺的创新和刺绣材料的创新打破了人们对传统刺绣艺术的认知，刺绣艺术源源不断地发展，逐渐成为适应于当下流行时尚和审美情趣的艺术表达形式。

第二节
纺织品设计的表达内容

艺术品由内容和形式组成，内容和形式是一对不可分割的整体，内容是艺术品的灵魂，而形式则是艺术品的载体，二者缺一不可。在纺织品设计中，作品的内容由创作素材和表达语义组成，前者是内容的来源，后者是内容的结果，从输入到输出，二者共同表达出纺织品的主旨和立意。

一、纺织品设计的创作素材

素材是纺织艺术设计的来源，它能够激发人们的设计灵感与创作欲望，促使人们产生感悟与思考。俗话说得好，"艺术来源于生活"，世间万物皆可成为艺术创作的素材。在纺织品设计作品中，它的表现素材主要源于传统素材、自然素材、人文素材和科技素材等方面。

（一）传统素材

传统文化在历史的历练下一路传承，是艺术创作的灵感来源。随着时代的发展，传统文化的内蕴愈发光辉，在艺术的演绎下显得弥足珍贵。无论是古典题材，还是民间工艺，传统文化始终贯穿着纺织艺术的时代脉络，把握着纺织艺术发展的新方向。同时，传统素材与现代设计的融合，反映了贯穿古今的历史脉络，将传统素材折射出了新的面貌，展现出与现代社会相适应的观念形态。

《虎贰呆》的设计灵感源于民间虎纹样。虎鞋、虎帽以憨态可掬的造型特点和高饱和度的绚丽色彩受到中国民间的广泛喜爱。此服饰类型象征着祖祖辈辈人们骨子里的一种积极向上的生活态度。设计旨在通过"虎"作为核心视觉元素，挖掘文化内涵，拓展原本形象的局限性。用当代的设计手法解构传统元素，在具象化虎元素背后的文化内涵的同时，与当代市民阶层文化进行对话。设计语言活泼灵动，表达"热热闹闹"的情绪，和一种"贰儿"的态度，属于大众的快乐。系列作品吸收了北京胡同儿中"天然潮"的混乱中存秩序的精神。混搭贯穿于整个设计当中，而配饰成为提高造型完成度中不可缺少的一环。廓形多用宽松款式，以及相对夸张和趣味性的设计语言。高饱和度的鲜亮色彩源于虎纹样的文化内核，对比色的应用突出积极、童趣的情绪体验。设计以手绘纹样切入设计内容的核心。设计手法上，在印花的基础之上配合质感更加丰富的刺绣以突出服装肌理。质感对比，出现在定制的金属、施华洛世奇水晶、贝壳制成的首饰、棉质、丝绸、化纤和羊绒等多种面料的肌理当中，使设计更加耐人玩味（图3-75）。

图3-75　虎贰呆，林汨，服装艺术设计，2015年

（二）自然素材

大自然不仅赐予了我们赖以生存和繁衍的生命资源，还赠予我们取之不尽、用之不竭的艺术素材。自然间的一草一木、山川河流都是我们进行艺术创作的宝贵灵感来源。大自然不仅能够启发艺术家，同时也为纺织艺术作品的创作提供了丰富的材料。许多艺术家直接提取了自然界中的物质资源，将其运用在纺织艺术作品中。

《共生》系列共四套女装，旨在为都市25~35岁的都市成熟女性而设计。在礼服的原型上，打破原有造型的束缚，使其富有野生的动感与情趣。将斑马与人相结合，让伪装与被伪装以服装的形式共生。斑马纹是人的外衣，而人是斑马的承载与寄托。设计以斑马纹为主体图案，选取了斑马中的典型特征作为设计元素，将仿生和抽象相结合，运用仿皮草、麂皮等面料。将野生动物保护的议题贯穿于服装设计的理念中，将野生移植到现代人的生活中，将人从麻木的生活状态解放出来。同时，警醒人们自然环境与生态保护的重要性，是对生命的赞美和探索。该系列作品获得"汉帛奖"第27届中国国际青年设计师时装作品大赛优秀奖（图3-76）。

图3-76　共生，梁之茵，服装艺术设计，2019年

（三）人文素材

人文，即是关于人的文化。所谓的人文精神，即人类对自身价值的重视与肯定，它包含了人类自我精神的塑造、人类与周围环境的同一性构筑。它联结了人与人、人与社会、人与自然之间的种种关系情形，使人具备人文性的思想与能力。当我们欣赏一幅纺织艺术作品时，我们可以发现任何艺术素材都不是孤立存在的，它们与当下有着千丝万缕的联系，并且记录了不同社会形态下的思想潮流。随着政治、经济、文化与人类生活环境的紧密结合，当下社会焦点问题成为纺织艺术家热切关注的主题，以及当代纺织艺术作品的重要灵感来源。当代社会下的环境保护、食品安全、人权问题都为纺织艺术提供了丰富的素材。

在纺织艺术中，艺术家巧妙地展开对人文素材的描绘，通过对社会文化与历史的再现，体现出人与社会之间不可分割的关系。崔彦伟的纺织艺术作品《行走的女人》既是在人的基础上，将人体的动态结构以静态的方式呈现，暗示人在运动中的协调状态，展现了人与生命的和谐共生（图3-77）。王明元的软雕塑作品《人形的自由》系列，作者运用绳结材料编织出抽象人体形态，它们形态各异且造型夸张，似乎在挣脱被捆绑的束缚，寻求人性的自由。作品具有很强震撼力和感染力，毫无保留地展现出生命的张力（图3-78）。

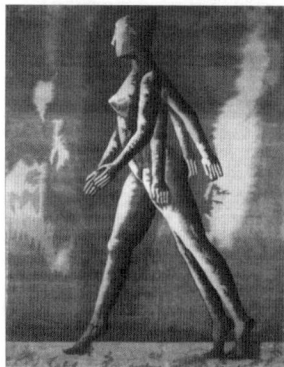

图3-77　行走的女人，
崔彦伟，壁毯艺术

图3-78　人形的自由，王明元，纺织装置艺术

（四）科技素材

随着科学技术的发展，科技手段和新型材料的运用逐渐渗透到纺织品艺

术设计中。许多艺术家和设计师采用智能交互技术、可穿戴设备、新型材料作为作品表达的素材，打破了现代与传统的界限，展现了纺织品设计发展的可持续性。

中国服装设计师毕然的作品《记忆的形状》是基于 3D 打印、可穿戴机械装置、智能交互技术的东方美学呈现。将记忆中模糊的东方文化形态结合 3D 打印、激光切割等技术，通过新技术手段描绘记忆中的形状，挖掘、继承传统文化的神韵，用当代语汇呈现了科技与文化相融合的视觉美感，串联出历史、科技和未来的关系。《记忆的形状》系列作品获得"汉帛奖"第29届中国国际青年设计师时装作品大赛银奖（图3-79）。

图3-79　记忆的形状，毕然，服装艺术设计，2021年

在作品《国王新衣》中，作者将光导纤维作为作品表现的素材，将光导纤维编织成衣，如国王的新衣一般，虚幻而又富有欺骗性，表现人们被漠视的日常。在黑暗中，光导纤维反射的光线像血液般流遍全身，呈现出既虚幻而又真切的华丽躯壳（图3-80）。

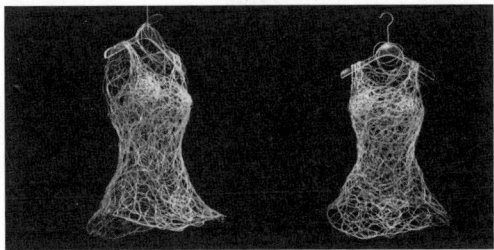

图3-80　国王新衣，梁之茵，宋含墨，服装装置艺术，2018年

二、纺织品设计的表达语义

表达语义是观念艺术作品中不可或缺的表达元素，它是作者思想意识的集成，通过一系列艺术加工后，所呈现出的观念形态。从某种程度而言，作

品的表达语义是外化艺术形式下的表达实质，与作品主题相互呼应，包含了作者的个人见解与情感诉说。每个人都拥有不同的认知与理解，因此，不同纺织艺术作品的表达语义都不尽相同。纺织艺术作品的表达有情感语义、自然语义与哲学语义三大方向。

（一）情感语义

情感体验是艺术家创作艺术作品时必不可少的重要元素，它反映了艺术家的情感状态与处事原则。纺织艺术家们将他们的不同体验与感受通过作品呈现，使作品成为联结创作者与观者的情感纽带。在这些以情感诉说为主的纺织艺术作品中，艺术家和设计师往往将人物的情感状态再现，创造出以情感为核心的故事情境与关系联结。由于个人经历与生活背景的区别，这一类纺织艺术作品的主题内容具有特殊性与不可复制性。

陈佳陶的毕业设计是针对0~3岁的小孩的智能服装，概念来自童话故事中的"永无岛"，在这个岛上的人是永远不会长大的。作者运用柔性电子技术在服装领域的应用，让儿童可以随时随地被父母监测到心率、体温等身体体征，这样小孩子们就可以得到更好的健康安全保障，就像是"永无岛"的概念，小孩子在家长的悉心照顾下，无忧无虑地成长，体现出父母与孩子之间亲密无间的情感联结（图3-81）。

图3-81　永无岛，陈佳陶，服装艺术设计，2016年

（二）自然语义

大自然不仅是纺织艺术设计的灵感来源，也是纺织艺术设计作品中表达语义的重要线索。许多艺术家和设计师将其对自然的感悟以作品的方式呈现。在纺织艺术设计作品的表达中，有对新生命的期盼、有对自然家园的守望、也有对万

物生长的惊叹。

黎光辉的作品《闲云赋》有三种配色，每种配色的内在精神相贯通，具体元素的运用也大体相似，主版明丽流转，源自白落梅的诗"一剪闲云一溪月，一程山水一年华，一缕幽风一寂寥，一世浮生一刹那，一树菩提一烟霞。"体现清风徐来的静谧意境，风中所蕴含的是流动的景色，而人游走在其中自得亦实亦虚的风华，意境唯美，芳菲无尽（图3-82）。

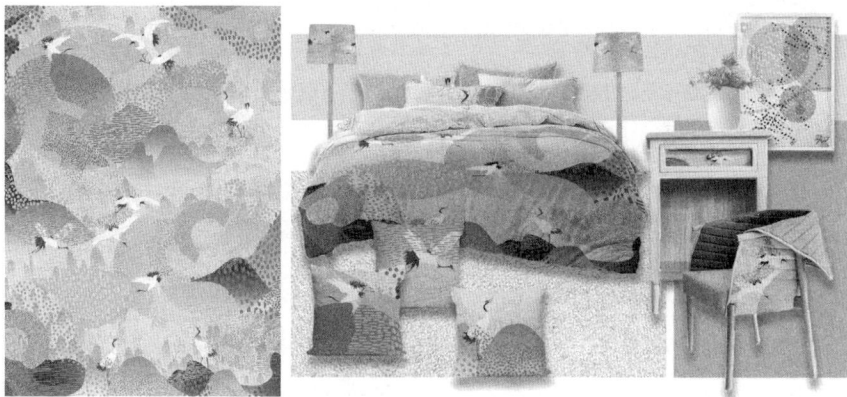

图3-82　闲云赋，黎光辉，纺织艺术设计，2017年

（三）哲学语义

自从人类意识觉醒以来，便不断的对自我形态产生困惑与怀疑。"我是谁？我从哪里来？我到哪里去？"成为人类思考人生的哲学命理。不同人对事物的理解千差万别。人们对哲学的探索不仅是人类对未知世界的追问，也是对自我存在的审视与剖析。

在林蔚蔚的系列作品《影响》中，作者阐述了人与人、人与社会之间无处不在的影响。在作品中，无数只手交织在一起，相互缠绕，阐述了人与人之间行为的影响（图3-83）。象征着思维意识的脑电波，相互穿插，阐述了人与人之间意识的影响。在巴西纺织艺术家玛利亚·那珀缪斯诺（Maria Nepomuceno）的《力量》中，作者采用了拉丁美洲的传统工艺手法，将不同的物件以编织的工艺交织起来（图3-84）。连结物体的绳子象征着抽象概念的连接线，暗喻着世间万物都是充满联系的，从基因到宇宙，展现出在自然运作下严密的系统的联系。

图3-83 影响，林蔚蔚，
纺织装置艺术，2015年

图3-84 力量，玛利亚·那珀缪
斯诺，纺织装置艺术

在近几年的纤维艺术双年展中，有不少艺术家将他们对哲学语义的思考以纺织艺术作品的形式呈现。以人类的起源为例，如韩国艺术家 Kim Bong Seop 在2002年所创作的艺术作品《生命：关于起源的思考》，即是对生命本源追寻，作者以抽象化的装置形态，再现出万物初始的虚无状态（图3-85）。在韩丽英的纺织艺术作品《时间、空间、生命物》中，作者将生命与时间、空间联系在了一起，画面中有一双手在扭曲屋外的时空，使画面统一在形态与动态的平衡中，表达出生命受到时间与空间限制的寓意（图3-86）。

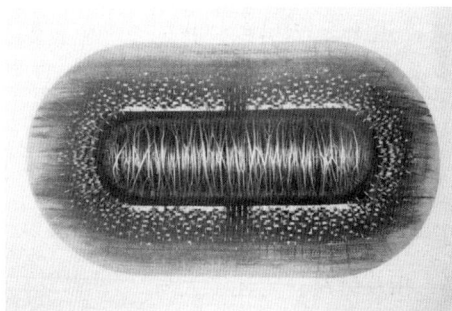

图3-85 生命：关于起源的思考，
Kim Bong Seop，纺织装置艺术

图3-86 时间、空间、生命物，
韩丽英，纺织艺术设计

（四）科学语义

在纺织艺术设计领域中，科学语义也是纺织艺术设计作品所表达的意向之一。在科学语义的纺织艺术作品中，艺术家们针对生命形式下的基因、细

胞等方面展开思考。丹麦纺织艺术家艾恩·汉瑞克森（Lon Henriscon）的作品《运行中的基因幕》，将图案中的像素点比作基因，由若干颗像素点进行不同组合与排布，组成一棵树木的形象（图3-87）。在孙瀛的纺织艺术作品《转基因3号》中，将雨滴状的白色物体悬垂环绕于婴儿胚胎周围，营造出压抑的环境氛围，体现出转基因科技对人生命的改造。令人从正反两个角度，辩证地看待现代科学技术的发展（图3-88）。

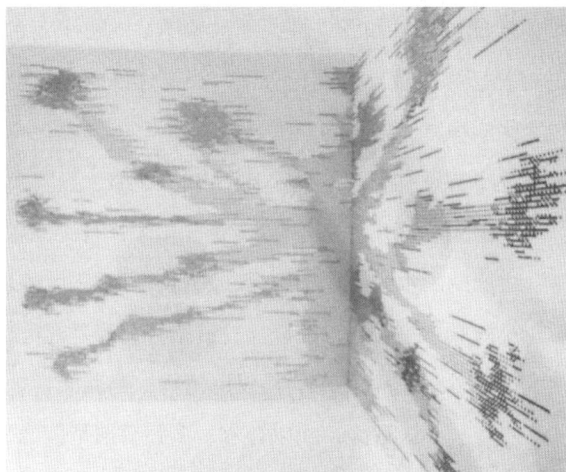

图3-87 运行中的基因幕，艾恩·汉瑞克森，
纺织艺术设计

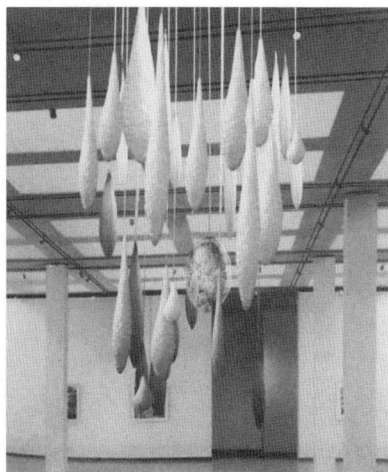

图3-88 转基因3号，
孙瀛，纺织艺术设计

第三节
纺织品设计的表现形态

一、纺织品设计的基本形式

无论任何一种题材，在艺术表现中，都需要有一定形式的支撑。而纺织艺术的表现形式丰富，是表达观念的重要依托，其主要体现在纺织艺术的平面造型、空间形态、材料语言和工艺技法四个方面。

（一）平面造型

在纺织艺术表现形式逐渐丰富的趋势下，壁毯、壁挂作为由古老工艺沿承而来的传统造型形态，在当代纺织艺术的展览中依旧占有着很大的比例。在这类平面造型的纺织艺术作品中，其图案及色彩往往是作品所表达的重点。根据作品表达内容及艺术风格，图案造型又有抽象形态和具象形态之分。在纺织艺术中，作品的抽象形态与具象形态往往是相对而言的，具象图案的纺织艺术作品侧重于表现内容的故事性和场景性，而抽象图案的纺织艺术作品则着重表现编织纹路的材料感和肌理感。在色彩上，根据作品的表达语义，不同的色彩搭配及冷暖变化能够营造出不同氛围、传达出不同情绪感受。

黄丹红的作品《君子赋》为5幅壁挂，以乌鸦、雁、雉、鹦鹉、燕图案比喻儒家"五常"的"仁""义""礼""智""信"。以传统文化中具有比德意味的五种禽鸟与具有"五常"之德的山水、植物相组合，进行"五常"比德。乌鸦反哺是仁德，配以仁山；雉死耿介是义德，配以义竹；雁行有序是礼德，配以释菜礼、冠礼、嫁娶、侍奉双亲、见面礼中的礼仪用植物；鹦鹉能言是智德，配以智水；燕归有期是信德，配以春桃冬枝。"五常"与"五行"相配，主色调取自五行色。以"五常"为主题，意在通过"比德"观念，取其精华，宣扬优秀的中华传统道德观念（图3-89）。

秘鲁纺织艺术家马克西姆·劳拉（Maximo Laura）的作品《寻找生命的平衡》，则是运用了较为具象的动物图案，以强烈的色彩效果，传达出浓厚的民族情结（图3-90）。英国纺织艺术家格瑞森·佩里（Grayson Perry）的壁挂作品《沃尔瑟姆斯托壁毯》以叙事性的方式描述了一个人从出生到死亡的生命历程，通过对各式各样的

图3-89　君子赋，黄丹红，纺织艺术设计，2018年

图3-90　寻找生命的平衡，马克西姆·劳拉，壁毯艺术

人类生活场景的描绘，讽刺了当代人充斥着名牌消费的生活状态（图3-91）。图案采用了红、黄、蓝三原色作为画面的主色调，使人感受到诡异而扭曲的故事氛围。

图3-91　沃尔瑟姆斯托壁毯，格瑞森·佩里，壁毯艺术

（二）空间形态

从空间形态上进行分类，纺织艺术主要分为平面壁挂、软雕塑及装置艺术三大表现形式。在立体形态的纺织艺术作品中，根据其展示形式，又有悬垂、平铺、摆放、围护等形态之分。每种空间表现形态所呈现出的思想观念和文化氛围都不尽相同，根据作品的表现主题及形式，有的作品侧重于表现作品本身的空间变化，有的则注重作品与环境的和谐共融。

刘黄静的纺织艺术作品《长》，以苎麻材料构建出植物的生长状态，枝叶向上向外延展，整体空间形态呈垂直上升状，与周围环境相互呼应，展现出生生不息的生命力（图3-92）。在由栾毅、张晓亮共同完成的纺织装置艺术作品《重生》中，作者使用网状材料将中心的人体模型环绕起来，悬挂于展厅中，将人体与周围环境相联系的同时，使作品空间得到延展，表现出挣脱束缚获得重生的生命含义（图3-93）。

图3-92　长，刘黄静，纺织装置艺术

（三）材料语言

材料是艺术表现的载体，也是艺术作品构成的基本元素。纤维材料作为纺织艺术的主要承载之物，它的质感与肌理使纺织艺术

图3-93　重生，栾毅、张晓亮，纺织装置艺术

拥有独特的形式美感。纤维材料的品种非常多样，从天然纤维到化学纤维，再到合成纤维，每种材质所呈现出的效果各不相同。通过面料再造的手段，能使纤维材料产生崭新的表现形式和肌理效果。

在高雅洁的硕士毕业系列作品《沧海一粟》中，作者将各种材质的毛线编织为壁挂，毛线长短不一、色彩斑斓、组织各异、肌理丰富，为作品增添了丰富性和趣味性（图3-94）。该作品在整体中富有细节，在统一中富有变化，展现出沧海之浩大，一粟之细微。在高雅洁的另一组系列作品《面具》中，作者将面料再造与面具形态相结合，运用面料的褶皱堆叠出丰富的细节变化，不同的色彩与肌理效果展现出丰富的人物表情和状态（图3-95）。

除了对传统纤维材料的运用，纺织艺术对综合材料的应用也非常广泛。

图3-94 沧海一粟，高雅洁，
纺织艺术设计，2017年

如丹麦纺织艺术家利斯·莱德奎斯特（Leith Ledquist）的作品《复活》即运用了塑料薄膜与羊毛材料。利斯·莱德奎斯特将塑料薄膜塑造出特定的形状，并以羊毛线对薄膜加以固定，使其按照特定的形态进行均匀排列。塑料材质的运用展现出了与传统纤维材料不同的参差错落的肌理效果与清晰透亮的空间质感（图3-96）。

图3-95 面具，高雅洁，纺织艺术设计，2014年

图3-96 复活，
利斯·莱德奎斯特

（四）工艺技法

随着纺织艺术的发展，其工艺技法也逐渐丰富，由传统的工艺手段延展出了新的表现形式，出现许多除编织、环节、缠绕等手段外的创意表现方法。同时，纺织艺术的表现手段也逐渐从单一的表现技法中解放出来，通过纺织艺术家们不断地尝试与探索，挖掘出了与更多不同的材料相结合的综合表现技法。

在白鑫的纺织艺术作品《芳菲》中，作者将栽绒工艺与立体空间造型相结合，将栽绒毛纤维比作茂盛的草地，从立方体的六个块面中生长出来（图3-97）。该作品在"正在改变着的景观"当代中国纤维艺术展美国巡展展出，传达出自然环境保护的重要性。由赵克和张诗宇共同完成的作品《萌生》，作者在经纬编织的基础上，使用鱼线垂直组合成树木的形态，并使之浮现于编织画面之上。树木的形态若隐若现，营造出了朦胧微茫的画面形态（图3-98）。

图3-97　芳菲，白鑫，纺织装置艺术

图3-98　萌生，赵克、张诗宇，纺织装置艺术

二、纺织品设计的构成语言

在由顾丞峰、贺万里编著的《装置艺术》一书中，作者将艺术的修辞语言归纳为八点，分别是置入新语境、错位、悖论、孳生、歧变、增减、变形和综合。设计师通过诸如此类的创作手法完成观念语言与形式语言的转换，巧妙地运用作品之间的构成关系，架构出形式之上的艺术观念与审美。放眼今天的纺织艺术设计作品，层出不穷的构成形式让人眼前一亮。在现有的纺织艺术作品中，叠加、重复、转置、投射等表现手段是纺织品设计中较为常用的手法。

（一）重叠

重叠，是两种或多种事物按照一定的规律相组合。事物的组合或前或后、或上或下、或左或右，既可以是空间上的，也可以是时间上的，它们互相组合呈现出重复的形态和美感。无论在文学领域还是在艺术领域，重叠的层次美、秩序美和韵律美都是艺术作品中不可或缺的表现美的素材。在美学理论中，重叠是艺术设计及创作中常见的手法之一。在纺织艺术作品中，重叠往往用于强调某种观念、突出某种主题，或以此作为作品组合的某种方式，使艺术意蕴得到升华。艺术家通过对不同层次间的透叠，塑造出新的视觉形象和效果，观众从特定的角度观察作品，在更多的想象空间中，产生独特的视觉感知与体验。在纺织艺术作品中，重叠的构成手法主要集中体现在作品的图形、材料和场景中，在这些不同的语言载体的搭配和组合下，展现出作者创作的意念。

1. 图形的叠加

图形的叠加是纺织艺术设计中常见的手段。艺术家通过对两个或多个图形元素，如点、线、面以一定的规律呈现，这种规律可以是某件事物的具体形态，也可以是某件事物的成长或运动轨迹，或者一组场景的体现。在这些的组合下，单看每组图形元素是独立的，但却不是割裂的，它们与周围的元素相互组合、相互搭配，展现出一幅完整的画面。同时，平面图形元素的叠加往往需要借助材料来实现。材料作为图形的载体，图形作为材料的主题，二者之间的配合与共融对作品主题的呈现有着重要的意义。在英国艺术家多洛西·韦德伯恩（Dorothy Wedderburn）的作品《存在/缺失》中，将真丝绸缎和生绡处理成长条的形状，并将该材料以"之"字形折叠，使之呈现出流苏般的视觉效果。多洛西·韦德伯恩运用染料在"破裂"的绸缎中绘制出人体的剪影，人体的图形随着流苏的形态的改变而变化，在材料的间隙中背景图形若隐若现。正如这件作品的名字《存在/缺失》一般，存在即是缺失，缺失即是存在，材料与图形的互为表里，辩证地阐述出存在与缺失的关系和意义（图3-99）。层次感也是图形重叠中突出的美感来源。在中国艺术家陈炯的作品《溪山行旅图》中，作者将四件绘制好的麻布从近到远排列，相隔一段距离后相叠加，从正面看去，俨然一幅美丽的山水画层层映在眼前（图3-100）。

2. 材料的叠加

在重叠手法的运用中，纺织材料的柔软及多变的特性使作品产生了惊奇的视觉效果。纺织材料重叠手段的运用主要分为不透明面料，透明面料或半透明面料的叠加，其中不透明材料的叠加因材料组合的特性，相较于材料本身，更加关注图形构成等形式的重叠。而透明和半透明材料的叠加因面料本身的质地、颜色、组成方式的差异，会产生预想不到的效果。如薄纱、丝绸、丝线等纺织材料透薄的属性使其在重叠后，层层叠叠的图案能够产生类似透视的视觉美感。例如，芬兰赫尔辛基艺术家皮娅·曼尼科（Pia Männikkö）通过观察人的物理运动路径，将人体的移动瞬间以剪影的形式再现于一系列薄纱之上，每件薄纱以微小的距离相叠加，透叠出连续的、形似动态的视错觉效果（图3-101）。千变万化的剪影形

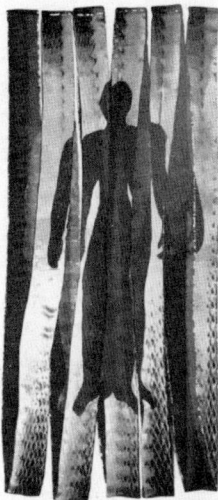

图3-99　存在/缺失，
多洛西·韦德伯恩，
纺织装置艺术

图3-100　溪山行旅图，
陈炯，纺织装置艺术

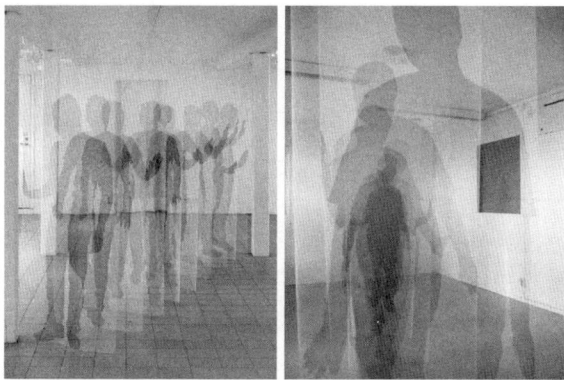

图3-101　*Déjà Vu series*，皮娅·曼尼科，纺织装置艺术

态层层叠叠错落于空间中，仿佛时间都冻结在了这个时刻，让我们感悟到多维度时空视角的存在，以局外人的身份审视偌大时空中人类存在的渺小。薄纱材料轻薄和半透明的特性，给予了错觉艺术中丰富的创作空间，它隐约而朦胧的透视效果体现出错觉艺术中模糊而多义的视觉特征，尤其在材料的重叠表现手法中发挥了得天独厚的优势。

尼龙线，作为另一种半透明状的线性纤维材料，它强韧、不易脱落，同时又兼具着面料再造的可能性，是纺织艺术中非常热门的表现材料。尼龙线在纺织艺术作品中不仅可以作为展示的辅助手段，还可以用于编织、缠绕、悬挂等，甚至可以直接用于作品主题的呈现。如果将薄纱作为重叠手段中面

图3-102 树，邹卫，纺织装置艺术

的体现，那么尼龙线便可作为重叠手段中线的表达。在中国艺术家邹卫的作品《树》中，作者将若干条尼龙线垂直悬垂于木框架之间，并在半透明的线上绘制出树的形态（图3-102）。若干条尼龙线的组合，使平面的线段呈现出立体的形态。从不同的角度观察，树的形态若隐若现、似有似无，似乎在诉说着对生态环境逐步破坏和生命消逝的无奈。

3. 场景的叠加

随着艺术和观众的联系越来越密切，纺织艺术的场景化趋势越来越明显。在纺织艺术作品中，视觉效果不仅产生于图形或材料的叠加，它与周围环境也有着一定的联系。艺术家通过镂空、透叠、投影等方式，借助环境中，如光影、人物、空间等元素，使之介入作品，从而产生"你中有我、我中有你"的视觉效果。"从洛桑到北京"国际纤维艺术双年展的铜奖作品——挪威艺术家安妮·斯坦博尔（Anne Steinball）创作的《两者间的空间》通过对编织壁挂的镂空处理，使周围环境能够透过经线与画面融为一体（图3-103）。场景的变化成为作品中可流动的素材，使作品的呈现不再是静止而孤立的，将时空的概念注入作品，使作品富有更加独特的韵味和更加广阔的寓意。作品如同诗情画意一般讲述着季节与环境的变迁。同时，光影作为环境中唾手可得的自然元素，它与艺术结合也会产生奇妙的物理反应。艺术家通过对现成品的加工利用，使它们在灯光下投射出特定的形象。这种与光影游戏的艺术形式，被称为影子雕塑。影子雕塑的现成品元素十分多样，如生活垃圾、废金属、废木材等令人意想不到的原材料。弗雷德·厄尔德肯斯（Fred Eerdekens）的影子雕塑作品《天体的一切》以棉花模仿出层层的云朵，并按照一定规律悬挂，在特定光线下使其在墙面上投影出"Neo Deo"的英文字样。该影子装置作品利用了棉花材料的不确定且柔软的形态，使其变形，分散布置于场地中，在光线的媒介下，与场景产生密切关联（图3-104）。

图3-103 两者间的空间，安
妮·斯坦博尔，纺织艺术设计

图3-104 天体的一切，
弗雷德·厄尔德肯斯，纺织装置艺术

（二）转换

作品语言的突变是纺织艺术设计中常用的表现手法，语言的错位打破人们惯有的思维和经验，使作品形式出现对立的状态，两种或多种不同语言的组合，使作品存在于变化的形式中，揭示了暗含在对立状态下矛盾与冲突的主题。在纺织艺术作品中，转换的语言丰富而广泛，如图形的转换、工艺的转换、肌理的转换，甚至是平面到空间的转换。

1. 图形的转换

在纺织设计作品中，图形语言是体现作品的形式美感和主题语意的重要载体。尤其在传统染织艺术设计中，语言形式的统一是纺织品图案设计的基础，也是装饰类作品富有形式美感的前提。然而在纺织艺术作品中，相比装饰性，作品的主题性表达则是作品创作的主要目的。因此，图形语言的转换作为作品主题性表达的手段，它打破了人们对某种概念的预期，强化了作品的内在矛盾，在视觉上给予观众错觉的引导。来自阿塞拜疆共和国的法依·艾哈穆（Faig Ahmed）是一名雕塑家，致力于研究纺织品和雕塑装置的融合。他以伊斯兰壁毯为题材，通过放大、扭曲、平移、透叠、变形等手段，使原有壁毯图案产生一系列变异，原有精致的壁毯图案与变异后夸张的抽象图形产生强烈的对比，体现出一种无规则的数字故障之美（图3-105）。法依·艾哈穆的壁毯作品运用图形语言的转置，打破了人们对传统文化的认知，似乎是在与传统的中东文化展开一种艺术上的抗衡，为政治与文化的界限赋予了全新的定义。该系列充满对立意味的形式的作品为法依·艾哈穆赢得了英国维多利亚和阿尔伯特博物馆的贾米尔候选人奖项。

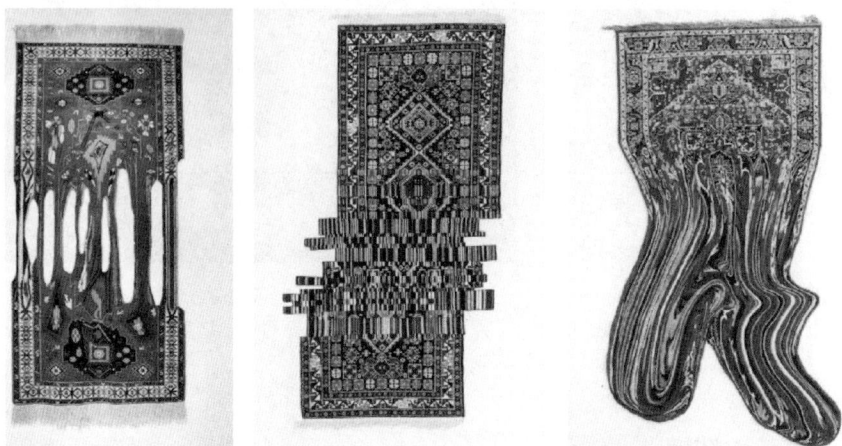

图3-105　法依·艾哈穆，阿塞拜疆地毯

2. 工艺的转换

纺织工艺的多样性为纺织艺术设计提供了丰富的思路和素材。一方面，印染、刺绣、编织等工艺的运用塑造了纺织材料细腻而多变的个性，同时也为纺织品增添了观赏性和可读性，颠覆了人们对传统手工艺的认识。另一方面，工艺的转换使纺织作品突破了二维平面的限制，推动了纺织作品立体化的呈现。在秘鲁艺术家安娜·特蕾莎·布拉沃萨（Ana Teresa Barboza）的系列作品中，艺术家结合了染织工艺中的刺绣、编织、针织等技术手段，同时保留了纺织工艺的制作特性。借助不同工艺之间的渐变与转换，让作品从平面过渡到立体，从刺绣画面过渡到现成材料，从未完品过渡到现成品。在一次又一次的工艺与媒介的转换下，人对作品内容的认识也在不断更新，人们的固有意识也在不断被打破，人们体验到了从虚幻画面穿越到现实场景的差异感（图3-106）。

3. 媒介的转换

媒介作为信息传达的物质载体，在艺术中是作品主题的承载之物。一方面，纺织艺术作为多媒介综合的艺术形式，媒介的转换是纺织设计表达主题的主要手段之一。在艺术家拉尼娅·哈桑（Rania Hassan）的作品中，作者将绘画和编织工艺相结合，以纺织纤维材料作为连接故事的线索，将作品的主题串联在不同的媒介中，编绘出一段与时间、空间、情景有关的故事

（图3-107）。在拉尼娅·哈桑的作品中，现成品材料与绘画语言的结合，让绘画语言的观念投射于现实场景，并以纺织现成品作为连接虚幻与真实的手段，与现场和观众产生互动。另一方面，媒介的转换不仅是两种或多种媒介的组合，一种材料对另一种材料的模仿在纺织品设计语言表现中也屡见不鲜。在美国当代艺术家丹尼尔·阿尔沙姆（Daniel Arsham）的白墙装置作品中，作者运用了石膏、纱布、油漆等材料，通过对墙面的褶皱、变形、镂空、雕刻等一系列的处理，模仿出面料的材质与质感，使"面料"附着于墙

图3-106　安娜·特蕾莎·布拉沃萨，刺绣作品

图3-107　拉尼娅·哈桑，纺织装置艺术

面之上，重塑了艺术品和墙面的关系，并通过对媒介的转换令观众感受到纺织品的形式与意味（图3-108）。

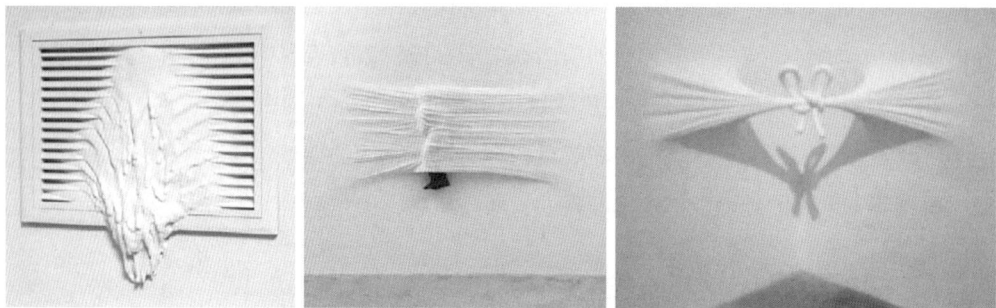

图3-108　丹尼尔·阿尔沙姆，纺织装置艺术

（三）重复

重复是艺术中惯用的表现手段，同一事物的不断复制或模仿，一方面增强了视觉冲击力，加深了观众对主题的印象，起到了强调的效果；另一方面，使作品在千篇一律的形式中凸显出事物的变化。重复形式在纺织艺术的运用较为丰富，是动感和韵律、对比和反差的体现，其中以点、线、面元素的重复最具有代表性，它拥有较强的形式美感。同时，点、线、面作为平面构成中的元素与立体装置的艺术形式形成较大的反差感，强化了观众的视觉体验，将作品的重复之美展现得淋漓尽致。与几何学中的概念不同，点、线、面在艺术中的定义并非被严格限制，具有一定的模糊性和抽象性，相对于作品中其他元素而存在。

1. 点的重复

点不仅是构成中最小的单位，也是构成线、面、体的基本元素。在自然中，如石子、砂砾、果子等体积相对较小或可视体积较小的事物在艺术中可视为点形式的体现。著名美术理论家瓦西里·康定斯基（Wassily Kandinsky）在书中写道："点在任何艺术领域里都可以找到，所以其内在力量毫无疑问地将逐步为艺术家所意识到，点的意义决不可忽视。"❶在平面设计中，点的大小、深浅、位置和密集程度等因素都对画面构成形式有较大的影响，例

❶ 康定斯基.康定斯基论点线面［M］.罗世平，魏大海，辛丽，译.北京：中国人民大学出版社，2003：39.

如，单独点、密集点、分散点和自由点等表现形式展现了不同的形式美感和语义特征。在许多纺织艺术作品中，艺术家将像素点依照一定的规律重复并排列，组成形态各异的图像，尤其从几何错觉的角度出发，点元素的重复使点的线化和点的面化成为可能。西班牙艺术家安娜·索勒（Ana Soler）在悬挂装置艺术作品*Causa-Efecto*（*Cause & Effect*）中运用网球元素将点的运动表现出令人震撼的效果。该作品利用了人眼视觉暂留的视错觉原理，将网球沿着弹跳的路径而悬垂于半空中，模仿出网球运动的过程。200余个重复的网球以点的形态连于一线，组合出一幅充满动感而又富有节奏的画面，犹如加工后的错觉图像一般，仿佛让人走进了奇幻的异世界（图3-109）。在法国艺术家伊萨·芭比耶（Isa Barbier）的悬挂装置艺术作品中，作者将羽毛作为点元素，用尼龙线悬垂于空中，千千万万的羽毛重叠在一起，组合成特定的形状。羽毛材料轻薄的质感悬浮于空中，如仙境一般，令人心生向往（图3-110）。

图3-109　*Causa-Efecto*（*Cause & Effect*），安娜·索勒，装置艺术

图3-110　伊萨·芭比耶，羽毛装置作品

2. 线的重复

线就是由点运动而来的形态，诚如康定斯基所说："线是点在移动中留下的轨迹。因而它是由运动产生的——的确，它是由破坏点最终自足

的静止状态而产生。"❶线的造型相比点更加丰富，有长、短、直线、曲线、平行线、相交线等形态之分。在《西洋名画家绘画技法》书中，作者库克（Cooke）认为线的形式是人类观察自然的普遍现象。从古至今，诸多绘画作品都是以线作为艺术表达的主要语言。尤其是在纺织艺术设计中，纱线、纤维等材料的运用，凸显了线的肌理与质感，也将材料的语言特性充分展现。点动成线、线动成面，线的重复塑造了视觉语言中的形式美感，其方向感和延展性在重复的规律下更加明显。在韩国世宗艺术中心伫立了一座由红线组成的景观装置作品，该作品与艺术中心大楼相互呼应，其亦可作为一个可移动的舞台布景，通过一系列变形来点亮装置。作品中的红线犹如激光射线一般层层递进，相互交织而缠绕，红线从叠影之间层层透过，在阳光下反射出不同的颜色和层次美感（图3-111）。在盐田千春的 *Zweite Haut* 作品中，艺术家将黑线缠绕在立体的空间中，黑线有疏有密、层层缠绕，塑造出姿态扭曲的人体形态，体现出束缚在牢笼间的禁欲美感（图3-112）。

图3-111　韩国世宗艺术中心，彩色装置

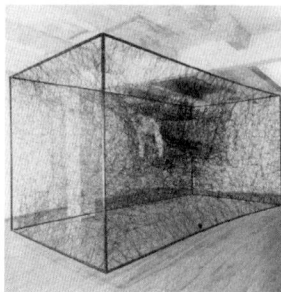

图3-112　*Zweite Haut*，盐田千春，纺织艺术装置

3. 面的重复

纺织材料多以面的形式而存在，不同的织造手法使得面料具有各异的形态、质感、肌理和纹样。相较于点、线元素，面元素更加均衡，富有一定的聚合感和稳定感。在纺织艺术作品中，不同的块面组合让作品在立体的形态下，体现出纺织材料的特性和轻薄的体积感，并在层次之间的对比中体现出错觉的效果。在2014年米兰国际家具展中，Nendo工作室的陈列作品惊艳

❶ 康定斯基.康定斯基论点线面［M］.罗世平，魏大海，辛丽，译.北京：中国人民大学出版社，2003：39.

了全场，一系列白衬衫在若干个几何形状的钢架子中陈列出流畅的形态，并随着钢架子与白衬衫组合形态的变化而变化。衬衫颜色或白或灰或黑，从特定的角度观察，黑白灰强烈的色彩对比使钢架子仿佛将衬衫的形态一分为二，囊括在钢架子的几何空间内，在高高低低的起伏中展现了重复的韵律和节奏之美（图3-113）。

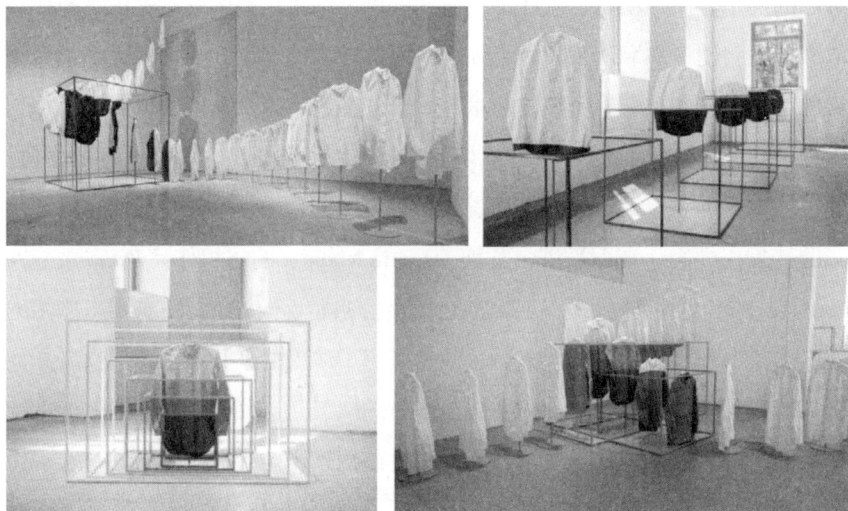

图3-113　Nendo，陈列装置作品

（四）再现

再现是艺术创作的基本手段之一，表达了艺术家对客观世界的认识与期待。艺术作品的再现并非是对客观世界纯粹理性的描绘，它与艺术家的背景、经历和文化息息相关，是艺术家思想和情感的集中表达。时间和空间作为两种不同维度的体系，从多个维度反映了现实世界的存在，是现实世界中各种情景和场景的体现。在作品中，情景和场景的再现从不同层次反映了艺术家对世界的认识和感觉，也反映了艺术家对现实世界感知的错觉。对于观众而言，艺术作品对现实世界的再现为观众营造了新的体验，这种体验是艺术家对现实世界的直接感受，又是对艺术家理念世界的重现。

1. 情景的再现

纺织品对情景的重现是对艺术家叙事能力的考验。艺术的情景素材源于生活中的各个角落，可以是生活中的某个片段，也可以是艺术家观念及情感化的表达。著名当代艺术文德里恩·凡·欧登伯赫（Wendrienvan Odenberg）认为，艺术是对当代人的模仿：有时候模仿人的心态，有时候模仿人的感受，有时候模仿人的情感和艺术家自身的生活经验。艺术对人的模仿体现在人的方方面面，正如柏拉图的模仿论中的观点："现实世界是对理念世界的模仿，而艺术则是对现实世界的模仿。"❶艺术对情景的模仿主要分为动态和静态的两个方面，动态艺术作品将时间的维度纳入作品的展示范围，宛如讲故事一般将情节娓娓道来。如今许多新媒体技术的运用，使艺术作品情景再现的手段越来越丰富。新媒体艺术对情景的塑造将观众从现实世界进入由艺术家创造的感官体验世界。在静态艺术中，艺术家通过对客观事物的模仿，并以艺术化的手段呈现，将作品置入相对应的场景中，使其再现出富有沉浸式的情景化内容。在乔埃塔·莫埃（Joetta Maue）的纺织作品*Walking with you*中，作者运用刺绣和拼布工艺在床单上刻画出一个穿着睡衣姿态悠闲的女人形象，并将作品置入于床垫、沙发等用于休闲的家具之上，使女人与周围环境发生关联，再现出一幅慵懒而惬意的情景。这种置入式的情景创造让作品拥有以假乱真的视觉效果，让观众对该情景产生投射，赋予其与客观世界相适应的思想及情感意念（图3-114）。

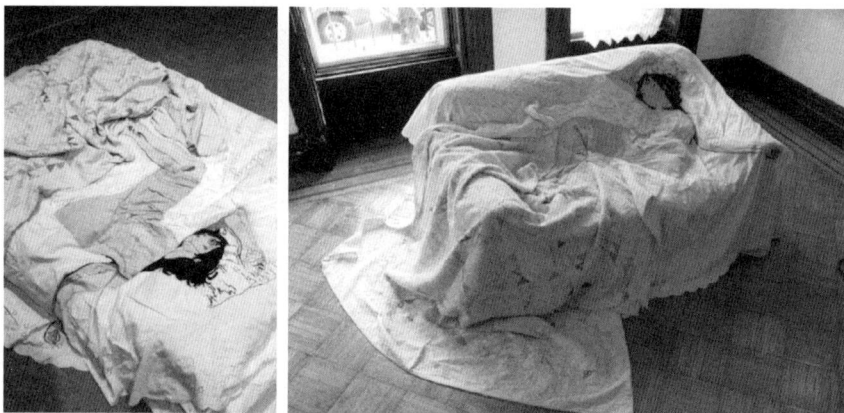

图3-114　*Walking with you*，乔埃塔·莫埃，纺织装置艺术

2. 场景的再现

艺术与场景的关系是艺术家创作作品时关注的基本问题之一，随着艺术和观众联系得越来越密切，作品的场景化和场景的作品化成为了当代纺织

---

❶ 柏拉图，模仿论观点。

艺术创作的趋势。纺织艺术作品一方面将作品融入周围的场景，与环境达到共生。另一方面，场景本身的塑造与再现也是纺织艺术场景化表达的方式之一，它脱离开了现有环境的束缚，将艺术家脑海中的场景移植到现场中，使场景与场景的互动作用于观众的参观体验中，错位感知体验由此而生。在纺织艺术作品《室中室》（*Home within home*）中，韩国艺术家徐道获（Do Ho Suh）从纽约都市中汲取灵感，运用金属框架和丝绸面料打造了一间宛如海市蜃楼般的空间景象。丝绸面料轻盈的质感和梦幻的色彩为观众营造出朦胧而缥缈的浸入式体验，两种空间的交错感让人坠入对真实和虚幻界限的思考中（图3-115）。

图3-115　室中室，徐道获，纺织装置艺术

纺织品在场景的再现是空间的延展，也是对空间的重塑。在意大利的艺术家爱德华多·特雷索迪（Edoardo Tresoldi）的公共纺织艺术作品中，以为意大利 Meeting del Mare 音乐节而创作的建筑装置 *INCIPIT* 为例，艺术家运用金属网手工编织出偌大的城市景观雕塑，并在户外场景中展现，在编织材料的间隙透露着天水一线的风景和生机，与环境浑然天成，仿佛让人游走在虚实的幻境之间（图3-116）。

图3-116　*INCIPIT*，爱德华多·特雷索迪，丝网装置艺术

三、纺织品设计的审美法则

与其他艺术形式相同，纺织品也遵循着一定的审美法则，这些审美法则反映了大众欣赏纺织品图案的眼光，也指导了纺织品的设计方法。其中，节奏与韵律、变化与统一、对称与均衡、矛盾与冲突是纺织品中基本的审美法则。

（一）节奏与韵律

节奏与韵律，是纺织品设计构成的基本形式之一。节奏源于一件事物的某种运动规律，如音乐节拍的间隔交替出现而形成某种规律。韵律则是指节奏运动时所构成的形态，如和缓、平静、激动、轻快、流畅、动感等多种形态。节奏与韵律在图案中的运用，有疏密、虚实、曲直、起伏、刚柔、大小、长短等对比变化，这些对比变化构成了图案的节奏与韵律。

元素的连续性和反复性使图案富有节奏感，使纺织品设计富有独特的审美风格，其风格明快、整齐有序，富有视觉冲击力。节奏与韵律的审美形式，打破了常规构成方式产生的拘束感，使其富有动感和活力。而图案构成与色彩的变化则是韵律的主要审美特征。节奏与韵律在于追求一种优美而律动的图案形式，使纺织品呈现出时而明快动感，时而柔美舒缓的美感。

（二）变化与统一

变化与统一，是纺织品图案构成的基本形式之一。变化和统一的概念不同，变化是指事物产生新的情况。而统一则是指变化要素之间的共融合性。变化与统一的关系是既相互对立，又相互依存的。在纺织品图案中，如果只有变化，而没有统一，画面构成就会毫无章法。如果只有统一，而没有变化，画面构成就会死气沉沉。只有将变化与统一巧妙地结合起来，才能在图案中展现出既协调，又富有趣味性的艺术效果。

那么，应该如何将变化与统一相结合？在纺织品图案中，不仅有构图、形态、色彩的变化，也有大小、质地、方向、疏密、虚实、冷暖、动静等变化。只有处理好变化与统一的关系，使局部服从于整体，整体统领于局部，才能使图案中的构成要素相互联系，且相互协调。变化与统一的关系既可以是形式与内容的统一、艺术与工艺的统一，也可以是装饰性与实用性的统一等。形式要准确地表达内容，工艺需要完整的表达艺术，装饰性需要与实用性相结合。因此，在纺织品的图案设计中，要时刻注意调整变化与统一的关系。

（三）对称与均衡

对称与均衡，是根据中心轴或中心点重复后产生的图案构成形式，是纺织品图案的基本构成形式之一。

对称是以图形的中心轴或中心点为圆心，在中心轴或点的上下、左右或周围进行重复，使图形呈现出两个或多个相似图案。因此，上下、左右或四方重复的视觉效果，使对称图案从感官上产生一定稳定性和庄重感。对称图案在纺织品中广泛应用，一般在纺织品的独幅图案、边缘图案、角隅图案，甚至连续图案中都有出现。对称的图形经过二方或四方连续后，将显得愈加精致典雅、协调统一。

均衡的构成方式与对称的构成方式不同，它不受中心轴线和中心点的严格约束，图形也不再重复，画面更加灵动。在构图上，以图形的大小、多少、深浅、浓淡、疏密、轻重，以及色彩等因素搭配，使整体画面形成均匀和平衡的视觉效果。均衡在纺织品图案中是较为常见的构图形式，它打破了严格对称图形构成形式的单一性与乏味感，不仅有着稳定、庄重、平衡的视觉状态，还充分展现出了灵动、活泼、自然的审美情趣。

（四）矛盾与冲突

矛盾与冲突的碰撞使纺织品更加富有思辨性。许多纺织品艺术设计以矛盾与冲突作为艺术表达的主旨，并由此体现出设计师对主题的辩证思考和混沌的情感投射。在纺织品设计中，解构与打破、颠倒、扭曲、变形等语汇息息相关，重塑出反常理的美学观念和非常规的语义内涵。反叛性语汇在艺术表达中包含了对自我内心的反思、对社会现实的批判，也有对自然界事物的挑战。

第四章　纺织品设计案例

随着综合材料艺术形式的逐渐丰富，我们对纺织材料在艺术中的应用已不再陌生，纺织材料多元化的表现形式为纺织品设计的发展增添了活力，为纺织品艺术设计展示提供了更多的可能。随着艺术形式的多元化发展，纺织品艺术作为集合情感、材料与场地的艺术形式，它与人的感官体验有着密切的联系。本章，我们将通过实际的设计实践案例来阐述纺织品设计方法的具体运用。

第一节
视错觉语言在纺织品艺术设计中的实践

一、作品主题

在视错觉语言在纺织品艺术的设计实践中，作者希望从视错觉语言的感官与情感因素出发，将观者的体验融入作品的表达中。同时，挖掘情感与环境的关系，在艺术中探索人与环境共生的可能性。进而，从当下热点话题出发，以"雾霾""时空"和"自然"作为作品的主题构想，探寻环境与情感因素在艺术作品中的表达。

二、作品方案

基于错觉艺术的表现手段，以"雾霾""时空"和"自然"的概念对作品展开构思，并提出以下四种设计方案，从中探索纺织品艺术设计对环境与情感的表达方式。

（一）方案一

人类在环境中的存在是多维度的，时间和空间作为人意识可感知的形态，它是人类认识自身存在和探索未知领域的通道。多个时空维度的并置使人脱离对现实世界的原本认知，这种源于未知的不安与混沌，与错觉语言的内核不谋而合。因此，在方案一中，作者以"时空"为主题，该作品方案灵感源于日本艺术家中西信洋的摄影装置作品和中国艺术家黄建成的空间装置作品《时空梭》，他们运用了重复的手法表现出时间的流逝。在他们的启发下，在作品方案的设计中，作者采用刺绣和印染等工艺进行面料再造，完成壁挂十余件，并将壁挂按次序组合在一起。壁挂层层相叠，形成一幅整体的物体运动轨迹，从不同角度可观察到不同的图形变化，表现出"时空"变化的概念。由对观者周围空间的面料布置，体现出人与作品的关联。面料可采用平行垂挂的方式，也可采用环绕垂挂的方式展示。在作品不同的位置与视角下，观者对作品的感受也会随之变化（图4-1）。

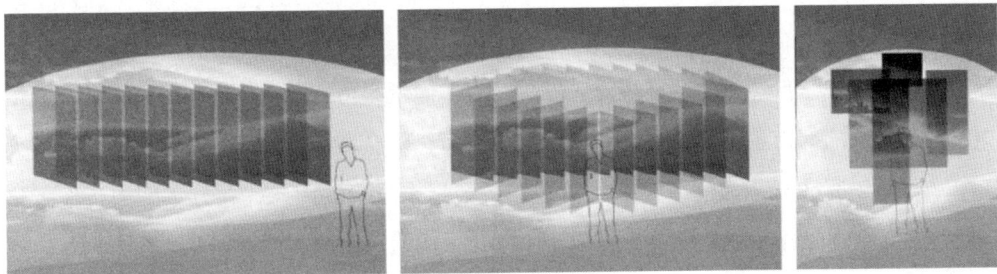

图4-1　方案一设计图

（二）方案二

雾霾作为与人类生活息息相关的环境问题，它的出现不仅对人们生活质量和健康状况有着严重的威胁，也对地球生态环境有着难以挽回的破坏。作者希望通过作品表达出对日益严重的环境问题的担忧，引发观者对环境保护问题的思考，从而呼吁人们关注环境保护。在方案二中（图4-2），作者以当今日益严重的环境问题"雾霾"为主题，运用视错觉语言，表现出在恶劣环境下，场景的真实与虚幻、隔绝与希望的状态。通过运用丝绸或棉花等纺织材料的特性和染织工艺手段，结合空间环境和新媒体手段，营造出朦胧而模糊的氛围，塑造出一幅能够带来"雾霾"体验的纺织艺术作品。

图4-2　方案二概念图

（三）方案三

自然的生活环境对人舒缓身心、愉悦心情有着积极的作用，尤其在繁忙的都市生活中，更是弥足珍贵。然而，随着城市化进程的逐渐加快，高楼大厦林立，人们能够接触自然的机会越来越少。因此，在方案三中，作者将自然山水融入作品，结合了中国文人山水画元素，希望以此唤醒人们对自然的感悟。该作品方案参考了屏风的形态，结合纺织材料中透叠的语言，由5~6件屏风（壁挂）组成，每件屏风（壁挂）有特定的图形，屏风（壁挂）错落摆放，结合视错觉原理，从特定视角观看能够看见完整的图形。这些图形又随着观者的视角而产生变化。作品与光影手段相结合，通过光源在面料上的投射，在面料后方环境形成由影子组成的特定图案。随着观者在屏风（壁挂）之间的行走，气流的变化使面料产生微妙的变动，同时人影也投射在后方环境中，使人与作品产生互动。作品图案以水墨山水画为主，采用面料再造工艺，结合刺绣、印染等染织工艺手段完成。采用丝绸面料、鱼线等半透明材料，使屏风（壁挂）图案相互透叠，层层递进。在屏风（壁挂）展示方式上可采用一体化结构或单独式结构，在一体化结构展示方式中，通过木质材料或金属材料将壁挂进行支撑，每片壁挂通过框架连接在一起。框架可沿着壁挂边缘进行布置，也可采用鱼线将壁挂垂挂于框架中成为独立的结构。在单独式结构中，每片壁挂有单独的支架进行支撑，不直接相连（图4-3，参见附录彩图36）。

图4-3　方案三设计图

（四）方案四

方案四的灵感源于秘鲁艺术家安娜·特蕾莎·布拉沃萨（Ana Teresa Barboza）的纺织艺术作品，运用印染、刺绣、编织等工艺将真实与虚幻、具象与抽象的形态相结合。在方案四的设计中，作者希望运用平面与立体相结合的方式，由3~4个以编织的手段为表现的平面壁挂组成，壁挂由平面渐变为立体图形。在作品中，融入渐变和过渡的表现技法，让主题从符号化的图形中跳脱出来，以更加真实的形态呈现在观众眼前。作品制作工艺以编织和刺绣为主，从最初平面的经纬编织，到逐渐从平面画面中延展出纺织立体图形，与其他几幅壁挂的材料工艺结合，汇聚成一个整体的纺织艺术作品（图4-4）。

图4-4　方案四概念图

三、设计定位

　　经过以上作品方案呈现效果和可行性分析，最终确认方案三作为作品的实践环节。在方案三的设计中，作者希望通过作品为生活在都市的人们带来自然般的体验。在繁忙的都市生活中，舒缓、轻松、惬意的感受随着人们生活节奏的加快和工作任务的积压而逐渐减少。因此，作者以舒缓、轻松、惬意作为作品的关键词，希望能围绕这些主题创作出能够调节人心情的纺织艺术作品。从另一方面讲，随着城市化进程的发展，城市面积寸土寸金，人的生存空间被过度压榨，人们对自然生活的渴望越来越强烈。在这样的背景下，作者希望通过作品美化我们的生活环境，在拥挤的城市生活中满足我们对自由的向往和自然的追求。

四、设计理念

　　该案例对视错觉语言的呈现主要涵盖了三个层次，第一个层次源于图案设计，文人山水画具象元素与水墨抽象元素交织、融合，二者间似有似无的边界和若隐若现的层次，赋予作品更深刻而内敛的形式语言。第二个层次源于材料之间的透叠关系，不同材质与肌理在多种组合下，呈现出意料之外的形式美感，增添了作品内容的可读性。第三个层次源于作品意境的呈现，人置身于层层叠叠的山水之间，仿佛走入画中，在亦真亦假、亦虚亦实的情境下，仿若回归初心的忘我之境，可以挖掘出人更真切的情绪与感受。由此，作者将作品命名为《浮生一梦》，意在表达人一生的沉浮宛如梦境一般，缥缈而不能自已。它亦真亦假、亦虚亦实，如作品一般恍若梦境。"浮生若梦，而浮尘若空"，我们与世界盘根错节地联结，我们被命运主宰而随波逐流，初心被世俗所掩盖，而愈发迷惘。拨开层层迷雾，才能更加真切地审视与反思，发现最初的自己，回归最初的梦想。

五、草图设计

　　在草图设计阶段，作者查阅了大量的作品资料，并进行了临摹，以此寻求作品设计的最佳形态。同时，作者从作品的图案设计和展示设计出发，与作品主题相结合，对视错觉语言在纺织品艺术中的表现进行深化和分析。

（一）图案设计

"天人合一"是中国传统的哲学思想体系，它源于春秋战国时期老庄"道法自然"的思想理论，后由汉代儒学思想家董仲舒的"天人感应"学说演变而来。在中国传统绘画中，"天人合一"的思想观念蕴含在无形的气质与神韵中，而气韵孕育在无形之中，在绵延的自然山水之间得以体会。在东方哲学内涵中，天即是自然，它是宇宙万物间一切自然物象的集成，如山川、河流、花鸟、树木等皆是天的体现。而人即是自我，是艺术家对自我精神意志的表达。中国文人山水画将天的物象与人的意志有机地结合在了一起，在自然山水的表象下，艺术家的自我精神再现。中国水墨遇水则融，浓淡相宜、姿态万千，它特有的材料属性将文人山水画孕育于"大象无形"意蕴中。基于"天人合一"的哲学内涵，作者选取了中国文人山水画作为设计的主题，希望能在图案设计中传达出人与自然和谐共生的思想理念。范宽，作为北宋山水画三大家之一，他的山水画画风雄厚，却又不失细腻，笔触刚劲有力而富有变化。范宽笔下的《溪山行旅图》《雪景寒林图》和《临流独坐图》气势磅礴、立意深远，画中景色重峦叠嶂、树木丛生、溪水潺潺，作者感慨于范宽对自然之美的体悟，折服于自然山水在范宽笔下惟妙惟肖的表达。由此，以范宽笔下的《溪山行旅图》《雪景寒林图》和《临流独坐图》作为设计的题材，选取了画作中局部的景色与水墨相结合，细腻的绘画笔触在飘逸的水墨晕染中绽开，若隐若现，有形的山水生长于无形的意念之中，无形之美暗藏在有形的寄托中。仿佛回归自然的忘我之境，透露着作者对自由的崇尚和追求。黑、白作为色彩的两极，象征着道家思想中阴阳学说的两极，它们对立统一，是一切事物本质与关系的重现。而蓝色，作为自然界中最常出现的颜色之一，它与天、海、水等自然物象有着不可分割的关联，它纯净、安详、冷静，调和着世间一切不安定的元素。因此，在作品中，我以黑白为主色调，选取了靛蓝色作为画面的点缀。黑、白、蓝颜色的搭配，使画面流露着超脱于尘世般遗世独立的态度（图4-5，参见附录彩图37）。

140×75   150×150

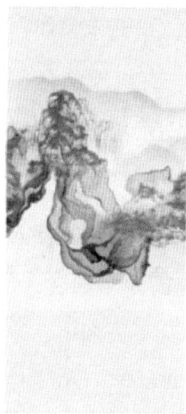
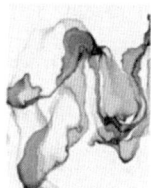
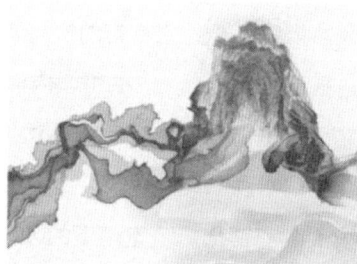

125×50   50×45   120×75

图4-5　草图图案设计

（二）展示设计

重叠的呈现方式展示效果突出，其层次丰富、手法细腻。尤其在轻盈薄透的材质中，画面层层相叠、相互映衬，为作品营造了朦胧而神秘的气质和氛围。在图案设计中，重叠的表现手法与水墨轻盈薄透的质感不谋而合，水墨的晕染效果在层出叠现的面料中，拥有更多的可塑性和多变的可能。在人与作品、作品与空间的透叠中，显露出"你中有我、我中有你"的共生理念，进一步阐明人与环境"天人合一"的哲学内涵。在重叠表现手法的启发下，在展示设计中，作者将面料相隔一段距离后相叠，前方面料隐隐透露着后方面料的肌理与图案，正如宋代画家郭熙的诗词所言，"山欲高，尽出之则不高，烟霞锁其腰则高矣。水欲远，尽出之则不远，掩映断其脉则远矣。"几组图案相对独立，却相互延展出无限的意味，在空间环境中创造出朦胧而诗意的意境。基于纺织艺术的表现形式，作者参考了现代屏风设计的样式，并结合方案三中展示方案的初步构思，将作品设计为一体式的展示结构（图4-6～图4-10）。五片面料在一体式的框架中相互错落叠加，流畅的结构线条与面料有机地结合在一起，框架与面料共同构成作品的主体。为了与作品的整体氛围相契合，同时体现出与自然共生的语义特征，作者在框架的设计中选用了木质材料，并在木条中心采用挖槽设计，使面料能够垂挂固定于木架中。另外，考虑到作品运输与展示空间的限制，框架与面料采取了可拆卸的设计，并且能够以悬垂的方式，脱离于框架展示，使作品展示达到审美性与实用性的统一（图4-11）。

图4-6　展示设计主视图

图4-7　展示设计侧视图 方案一

图4-8　展示设计侧视图 方案二

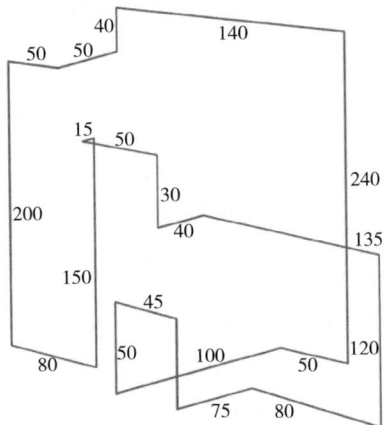

图4-9　展示设计框架图 方案一

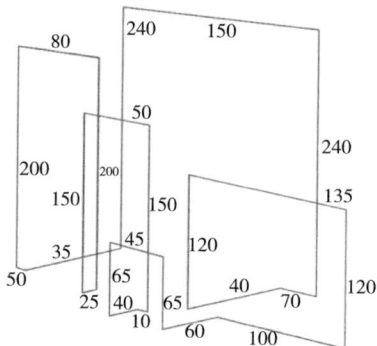

图4-10 展示设计框架图 方案二

图4-11 展示设计

六、材料选择

在作品方案的构思中，作者初步确定了丝绸作为作品的主要材料。一方面，中国丝绸文化的起源与自然生长有着密切的联系，它反映了蚕从作茧自缚到化茧成蝶的过程，是自然万物生长规律的重现。而丝绸作为中国传统文化的集中体现，丝绸面料的繁荣反映了中国古代人民与天协作的勤劳与智慧，展现出中国古代人民对"天人合一"思想理论的实践与坚持。另一方面，丝绸材料的轻薄飘逸的质感在作品效果，尤其在视错觉语言的呈现上，可谓锦上添花。为了凸显视错觉效果，作品以重叠为主要呈现方式。因此，在面料的选择上，材料的透明度与可再造性是作品展示效果的重要影响因素。在前期阶段，作者陆续采购了真丝面料和仿真丝面料进行了分析，并查阅了相关资料，分别对比了材料的透明度、柔软度、薄厚程度等特性，在此基础上进行了一系列面料再造实验。在作品壁挂的底布面料的选择上，作者分别对100%真丝欧根纱、100%真丝乔其纱、100%尼龙欧根纱、100%锦纶透明网纱、100%聚酯纤维透明网纱等面料进行了对比研究。在这一批次的面料实验中，作者发现真丝欧根纱的材质相比其他真丝面料透明度较高、更为硬挺，并且印染效果更好。相比其他真丝或仿真丝面料，100%真丝欧根纱面料作为作品的底布能够较好地呈现出作者对作品透叠的构想。在拼贴材料的选择上，作者先后对丝绸和羊毛毡材料进行了一系列工艺实验，先后尝试了刺绣、印染、抽丝、拼贴、腐蚀等工艺手段，寻找作品面料再造表现与创新的更多可能性（图4-12、图4-13）。

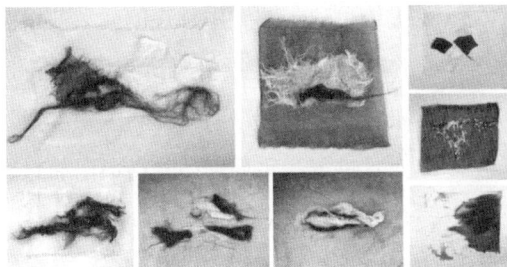

图4-12　工艺实验小样　　　　　　　　　　　　　图4-13　工艺实验

七、设计制作与展示

作品制作流程主要分为两个部分，一部分是作品主题内容，即五片壁挂的设计和呈现，另一部分是作品展示框架的呈现。壁挂面料的制作主要分为印花、染色、腐蚀、拼布和装裱五道主要工序。其中，作品染色、腐蚀、拼布和装裱均为作者纯手工完成，将艺术观念与人文精神密切结合，从侧面反映出天与人协作的处世哲学。

（一）印花

作者根据前期的设计图，将底布和拼布的图案分离开来，即设计图图案和范宽绘画的局部图案，共十组。在分别使用热转移印花和真丝数码喷绘印花打样之后，作者对面料材质和印花效果进行了分析，根据印花颜色和光泽度对比，决定采用100%真丝欧根纱和100%真丝乔其纱面料进行真丝数码喷绘印花。在真丝喷绘印花之前，为了使印花颜色更加牢固地附着于面料之上，作者对乔其纱面料进行了上浆处理。随后，将图案导入数码印花机中，将图案喷绘于乔其纱和欧根纱面料之上。在完成数码喷绘后，将印好的真丝面料平铺于麻布之中，并包裹好进行蒸化处理，使颜色更加清晰地呈现于面料之上（图4-14、图4-15）。

（二）染色

在完成面料印花后，作者分别对底布和拼布面料进行了染色处理。首先，作者提取出设计图中水墨抽象图形的颜色，如深蓝、浅蓝和灰色，通

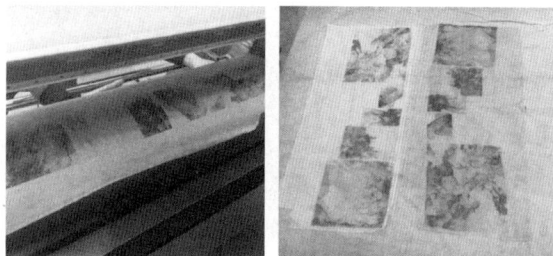

图4-14　真丝数码喷绘印花（打样）

图4-15　真丝数码喷绘印花

图4-16　直接染料染色

图4-17　面料染色效果

过染色达到图案中预想的颜色效果。作者采用直接染料对拼布面料进行染色，将欧根纱面料在热水中沸煮，对其进行脱浆处理，随后取出面料，用清水清洗。然后，将直接染料和媒染剂按照配比放入温水中进行搅拌，并逐渐加热，将脱浆后的面料重新浸入水中染色（图4-16）。同时，为了使面料出现渐变和晕染的效果，作者根据面料染色效果调整其在染料中浸泡的时长，大约过10分钟，待颜色充分附着后取出面料，用清水清洗面料上的多余染料，并将面料晾干。在对拼布面料染色的同时，为了画面语言表现更加融洽和统一，作者对底布面料进行了浸染（图4-17）。最后，用毛笔在染色后的底布上绘制出图案中山脉的走向和纹理。

（三）腐蚀

在完成面料印花和染色工序后，根据作品图案构思，作者将面料裁剪成图案中若干单独元素，并且在面料边缘处使用线香燃烧腐蚀出焦灼的肌理效果（图4-18）。除此之外，根据图案纹理走向，作者将面料从外而内腐蚀出渐变的肌理效果，使面料之间相互叠加的同时，富有更细腻而丰富的质感。面料腐蚀的纹理在光线的照射下，透出若隐若现的效果，将画面、材料与环境进一步融合。

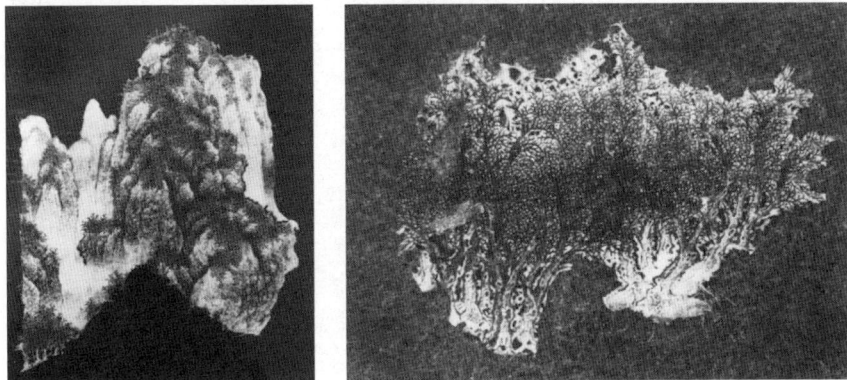

图4-18　面料燃烧腐蚀效果

（四）拼布

经过印花、染色和腐蚀工艺的处理，作者将拼布面料在底布面料上进行了拼合。由于真丝欧根纱半透明的材料性质，作者对面料固定于底布的方法进行了探索，分别尝试了针线、胶水、戳针、热熔无纺衬等工具及方法，希望保持拼布面料牢固性的同时，使拼贴材料与面料质感和图案密切融合。经过实验，作者选用了布料专用胶水和双面热熔无纺衬对面料进行基础拼合，并运用熨斗进行高温定型，使面料趋于平整。待面料拼合完成，选用颜色相近的绣线，用针线与底布面料缝合，使面料附着得更加牢固。多种颜色与材质的丝绸面料拼合，使壁挂在不同的光线与环境下产生细微而巧妙的变化（图4-19，参见附录彩图38）。

（五）装裱

在完成五片面料和框架的制作后，就要进入作品装裱阶段。作者根据作品的装裱尺寸，将面料缝纫包边处理（图4-20，参见附录彩图39），将透明亚克力横杆穿插于面料上下两端，并使其长度恰好能够绷平在框架之上，随后借助螺丝、鱼线和喷胶加以固定。待面料装裱完成后，作者运用熨烫、缝缀、粘贴等工艺使面料更加服帖和平整。在展览设计中，除了作品本身的五片壁挂，作者特地以山水为主题，用韵染工艺制作了两面约4米长的垂幔作为作品展示的延伸，垂挂于作品前后两侧，以增添作品层次感和空间感（图4-21，参见附录彩图40）。在作品周围的展示空间中，设计了地灯和雾气，并布置了白沙、石头、莲蓬等装饰物，与作品相配合，以此衬托出作品虚实相生、如梦如幻的美好意境。

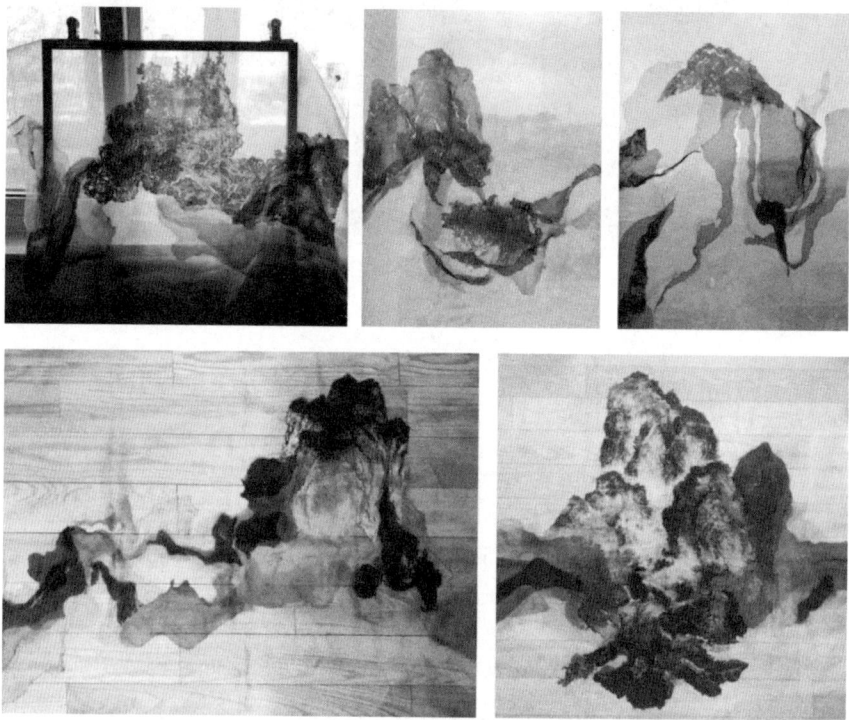

图4-19　面料拼贴效果

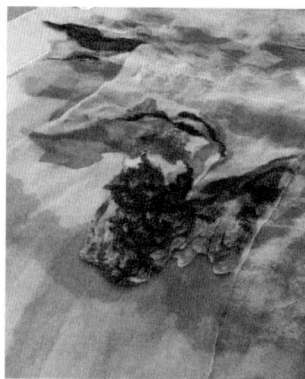

图4-20　面料包边

图4-21　浮生一梦，梁之茵，
纺织装置艺术，2018年

第二节
"生命"主题在纺织品艺术设计中的实践

一、作品主题

古往今来，人类从未间断过对于生命真谛的探寻。不论通过宗教、哲学还是艺术，人类在对生命意义求索的过程中，也逐渐意识到解构人类存在目的自我臆想，仿佛试图向自然界运作的庞大体系证明着人的存在并不是荒诞的。然而，回到生命之初，将人类异化层面逐步剥离，便可触及生命的本真，而"新生"则代表着人类生命中最初始的状态，尽管它脆弱、易碎并难以掌控，却令人痴迷和陶醉。作品《新生》以此为契机，表达出对于混沌中初生状态的留恋与渴求。希望人类在自我意识日益膨胀的趋向下，保留那份敬畏生命与自然的初心。

二、作品方案

在以"生命"主题的纺织品艺术的设计实践中，作者将"生命"一词选定为作品的主题。在作品形式上，作者参考了装置艺术的构成形式，计划用立体编织的方式呈现。编织片数初步定在五片，每片编织壁挂各提取整体图案中的某个单独元素进行露经表现，五片编织壁挂每相隔一定距离后进行叠加，从正面观看，可以看到一幅完整的图案。考虑到作品的展览效果，采用铁架子作为整体框架，将编织壁挂固定在其上，框架长、宽、高尺寸分别定为1.5米、1.5米和2米。

三、草图设计

在确定了作品形式后，分别绘制作品的正视图、分解图与立体效果图。

第四章　纺织品设计案例

177

图4-22 《新生》正面图

在整体图案的设计中，作者提取了母体中婴儿胚胎的形象表达新生命的诞生，胚胎被一片片花瓣所包裹，像母亲一般保护着孩子的周全，体现出新生命的宝贵（图4-22）。之所以选择用花朵包裹新生儿，是因为作者认为柔韧的花瓣和孕育生命的子宫有着异曲同工之妙，它柔软与舒适的身躯是新生命生长的摇篮。在色彩的选择上，作者采用黑白色系以象征生命的阴阳两极，寓意在阴阳共生下孕育出新的生命。

根据作品的整体图案设计，作者将正视图的元素进行分解，使每个单独元素构成一幅新的画面。经过整理与设计，整体图案共分解出了五组画面，分别为四组花瓣和一组婴儿胚胎（图4-23）。在编织壁挂的排列顺序上，作者采用了一负一正的构成方式，使花瓣呈一上一下的形态分布，婴儿胚胎位于中心位置，表达出对新生命的珍视与爱护（图4-24）。

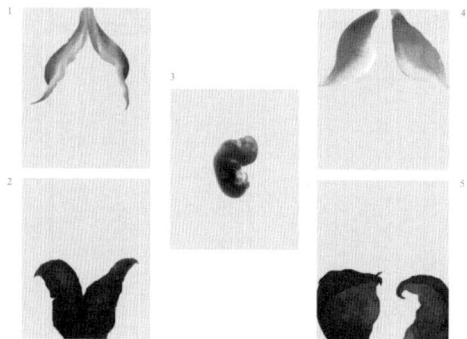

图4-23 《新生》分解图

四、材料选择

考虑到作品的构成需要有一定的通透性，在经线的选择上应避免厚重的不透明的纤维材料。经过筛选，作者选择了直径为0.8毫米的鱼线作为编织的经线，以羊毛线作为编织的纬线。同时，将鱼线作为经线需要框架承受一定的拉力，因此，在作品框架的选择上，需要采用结实的可拆卸的金属材料，以便于作品的制作与运输。

图4-24 《新生》立体效果图

五、设计制作与展示

该作品的制作主要分为染线、挂经、编织和修剪四个步骤。以下将从这四个步骤出发讲述作品制作过程。

（一）染色

在开始正式编织之前，根据图案的色彩设计，需要将毛线进行染色。考虑到羊毛材料的特性，需要用酸性染料进行染色。首先，将适量酸性染料混入30摄氏度的温水中，加入硫酸氢钠固色剂，搅拌至均匀。待染料充分溶解后，将洗净的毛线浸入染料中。随后将染料升温至100摄氏度沸腾，将毛线在染料中浸泡30分钟，之后将毛线取出并晾干，即可使毛线达到预期的染色效果（图4-25）。为了使作品拥有更丰富的色彩变化，作者适当地在染料中加入一些色彩倾向，并且通过染料的不同配比，先后染出了深浅不一、不同色相的颜色效果（图4-26）。

图4-25 染色过程

图4-26 染色效果

（二）挂经

在毛线进行染色工序的同时，开始进入挂经工作。由于作品最终效果需要保留经线，需要事先将经线固定在某个支撑物之上。于是，作者采用圆形铁管作为经线两端的支撑物，并将其固定在编织机梁上，将鱼线以缠绕的方式进行挂经。操作时，首先将鱼线缠绕至线轴上，然后由线轴带动鱼线在圆形铁管上缠绕上经。一幅宽约1.4米的编织画面约有270道经线（图4-27）。

图4-27 挂经过程

（三）编织

在完成染色及挂经后，即可进入正式的编织工作。经过多次对工艺的试验与摸索，作者采用栽绒方式进行编织。根据图案的形态及纹理，栽绒的长度有所区别。在编织过程中，作者首先在经线底部使用毛线打底，将鱼线排布均匀。并采用纬线进行平纹编织，勾勒出图案的边缘。参照图案的色彩肌理，将若干条不同颜色的毛线合股，采用打八字结的方式栽绒，每完成一段栽绒，采用平纹编织进行固定，依照图案的边缘线进行填充（图4-28）。

图4-28 编织过程

（四）修剪

最后进入画面的修剪工序。此阶段，将已编织完成画面中的毛线进行整体修剪，根据花瓣的生长脉络，修剪出高低起伏的结构层次。尤其在花瓣的转折处，使层次有较明显的区分。在修剪的同时，在局部保留出栽绒未经修剪的自然肌理效果（图4-29，参见附录彩图41）。

（五）整理

在完成五片壁挂的编织后，进入作品的后期整理阶段。在这一阶段，作品的整体效果已初步呈现。接下来，主要在作品装裱与展览设计这两方面对作品进行修整与美化。

作品修整是制作作品时必不可少的环节之一，俗话说，"三分画、七分裱"即体现了这个道理。为了达到更好的展示效果，作者定做了长、宽、高

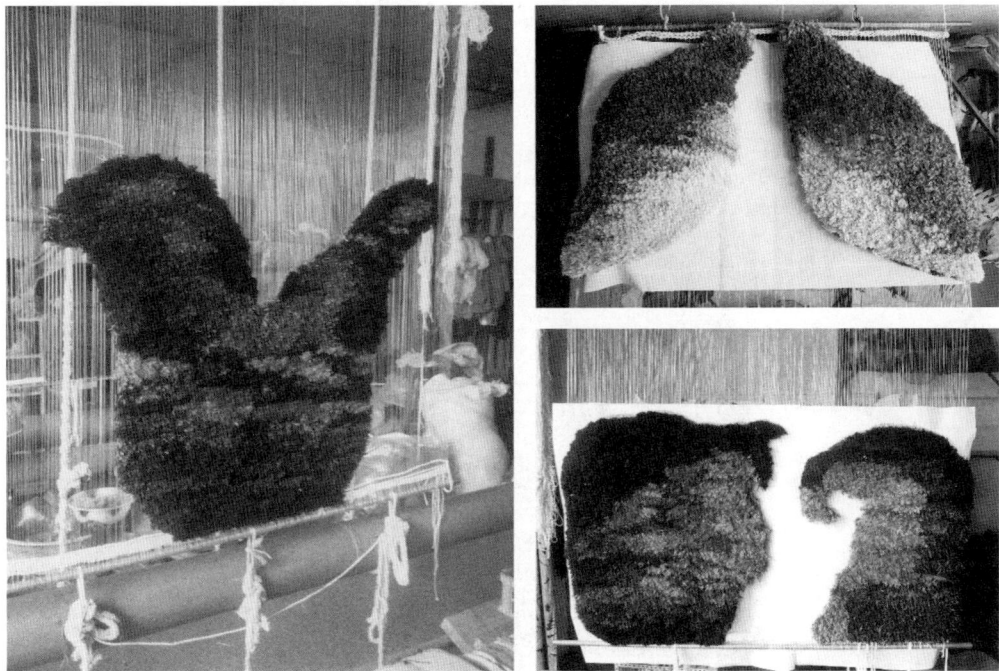

图4-29 修剪效果

分别为1.5米、1.5米、2.1米的铁架子，铁架子上下方共有十根横梁，用于五片编织壁挂的展示，每根横梁都有一定宽度的凹槽，可将固定经线的圆形铁管插入其中。为了方便作品的进一步修整和运输，横梁可进行拆卸或重新组装。随后，作者对鱼线进行了梳理，调整了鱼线的长度，使之能够在铁架子上绷直，并且减少了鱼线的数量，尽量避免前一片编织对后一片编织的遮挡。同时，为了更清晰地显示出作品的主题，作者将中间的婴儿胚胎图案与前一片图案进行了调换，使观者能更加清楚地接收到"生命"主题的传达。

（六）成品效果

经过前期准备、中期制作及后期整理几个阶段，作品呈现出了最后的形态。从作品正面观看，婴儿被层层花瓣包裹，在鱼线的衬托下，渲染出朦胧而又神秘的意境。从侧面观看，每片编织画面相互呼应，又展现出相对独立的整体形象。在细节上，由于栽绒的工艺特性，每片编织正反面各呈现出了不同的肌理效果，增加了作品可观性与丰富性。作者将作品命名为《新生》，在展现生命的同时，希望作品能够如新生命一般散发出强烈而持续的生命力（图4-30，参见附录彩图42）。

图4-30　新生，梁之茵，纺织装置艺术，2015年

参考文献

[1]刘佳婧. 纺织女、母亲、女神——纤维艺术与女性神话研究［M］. 北京：中国文联出版社，2019.

[2]利百加·佩尔斯－弗里德曼. 智能纺织品与服装面料创新设计［M］. 赵阳，郭平建，译. 北京：中国纺织出版社，2018.

[3]克莱夫·贝尔. 艺术［M］. 周金怀，马钟元，译. 北京：中国文联出版公司，1984.

[4]布莱顿·泰勒. 当代艺术［M］. 王升才，张爱东，卿上力，译. 南京：江苏美术出版社，2007.

[5]斯坦戈斯. 艺术与艺术家词典［M］. 范景中，刘礼宾，译. 上海：生活·读书·新知三联书店出版社，2010.

[6]佛比·麦克劳顿. 透视与错觉：透视及其他视觉知识［M］. 长沙：湖南科学技术出版社，2012.

[7]E.H.贡布里希. 艺术与错觉：图画再现的心理学研究［M］. 杨成凯，李本正，范景中，译. 南宁：广西美术出版社，2012.

[8]E.H.贡布里希. 图像与眼睛：图画再现心理学的再研究［M］. 范景中，杨思梁，徐一维，等译. 南宁：广西美术出版社，2016.

[9]奥西安·沃德. 观赏之道：如何体验当代艺术［M］. 王语微，译. 北京：北京美术摄影出版社，2017.

[10]布鲁墨. 视觉原理［M］. 张功玲，译. 北京：北京大学出版社，1987.

[11]考夫卡. 格式塔心理学原理［M］. 黎炜，译. 杭州：浙江教育出版社，1997.

[12]阿恩海姆，霍兰，蔡尔德，等. 艺术的心理世界［M］. 周宪，译. 北京：中国人民大学出版社，2003.

［13］苏珊·朗格.艺术问题［M］.滕守尧,译.南京:南京出版社,2006.

［14］怀特海.过程与实在［M］.周邦宪,译.北京:北京联合出版公司,2014.

［15］肖津,埃伦茨维希.艺术视听觉心理分析:无意识知觉理论引论［M］.北京:中国人民大学出版社,1989.

［16］安东·埃伦茨维希.艺术视听觉心理分析［M］.肖津,凌君,靳蜚,译.北京:中国人民大学出版社,1998.

［17］康定斯基.文论与作品［M］.查立,译.北京:中国社会科学出版社,2003.

［18］康定斯基.康定斯基论点线面［M］.罗世平,魏大海,辛丽,译.北京:中国人民大学出版社,2003.

［19］海德格尔.依于本源而居:海德格尔艺术现象学文选［M］.孙周兴,译.杭州:中国美术学院出版社,2010.

［20］伊丽莎白·库蒂里耶.当代艺术的前世今生［M］.北京:中信出版社,2012.

［21］吴淑生,田自秉.中国染织史［M］.上海:上海人民出版社,1986.

［22］黄丽娟.当代纤维艺术探索［M］.台北:艺术家出版社,1997.

［23］田青,贾京生.第三届亚洲纤维艺术展作品及论文［M］.北京:清华大学出版社,2002.

［24］徐百佳.纤维艺术设计与制作［M］.北京:中国纺织出版社,2002.

［25］顾丞峰,贺万里.装置艺术［M］.长沙:湖南美术出版社,2003.

［26］徐淦.装置艺术［M］.北京:人民美术出版社,2003.

［27］王令中.视觉艺术心理:美术形式的视觉效应与心理分析［M］.北京:人民美术出版社,2005.

［28］朱光潜.当代西方文艺理论［M］.上海:华东师范大学出版社,2005.

［29］林乐成,王凯.纤维艺术［M］.上海:上海画报出版社,2006.

［30］张怡庄,蓝素明.纤维艺术史［M］.北京:清华大学出版社,2006.

［31］鲁虹.越界:中国先锋艺术 1979—2004［M］.石家庄:河北美术出版社,2006.

［32］林乐成,尼跃红."从洛桑到北京"第四届国际纤维艺术双年展(苏州展年)作品选［M］.北京:中国建筑工业出版社,2006.

[33] 胡国瑞. 纺织品设计概论 [M]. 重庆：西南师范大学出版社，2007.

[34] 王庆珍. 纺织品设计的面料再造 [M]. 重庆：西南师范大学出版社，2007.

[35] 龚建培. 纤维艺术的创意与表现 [M]. 重庆：西南师范大学出版社，2007.

[36] 贺万里. 中国当代装置艺术史 [M]. 上海：上海书画出版社，2008.

[37] 周小瓯. 跨越经纬——现代纤维艺术制作与鉴赏 [M]. 合肥：安徽美术出版社，2008.

[38] 林乐成，尼跃红. "从洛桑到北京"第五届国际纤维艺术双年展作品选 [M]. 北京：中国建筑工业出版社，2008.

[39] 查常平. 当代艺术的人文追思：1997—2007 [M]. 桂林：广西师范大学出版社，2008.

[40] 朱尽晖，现代纤维艺术设计 [M]. 西安：陕西人民美术出版社，2009.

[41] 林乐成，尼跃红. "从洛桑到北京"第六届国际纤维艺术双年展作品选 [M]. 北京：中国建筑工业出版社，2010.

[42] 于伟东. 纺织材料学 [M]. 北京：中国纺织出版社，2010.

[43] 王令中. 艺术效应与视觉心理：艺术视觉心理学 [M]. 北京：人民美术出版社，2011.

[44] 王杰泓. 中国当代观念艺术研究 [M]. 北京：中国社会科学出版社，2012.

[45] 刘元风. 纺织品设计与工艺基础 [M]. 北京：中国纺织出版社，2012.

[46] 马锋辉，施慧. 纤维，作为一种眼光 [M]. 杭州：中国美术学院出版社，2013.

[47] 陈晓娟. 中国当代艺术的意境重构 [M]. 武汉：华中师范大学出版社，2016.

[48] 张晓伟. 视觉元素在现代纺织品设计中的应用研究 [M]. 北京：中国纺织出版社，2017.

[49] 王文志，刘刚中. 装饰用纺织品 [M]. 北京：中国纺织出版社，2017.

[50] GALE COLIN, KAUR JASBIR. The Textile Book [M]. Oxford: Berg, 2002.

[51] JOHN ANDREW FISHER. Reflecting on Art [M]. Mountain View

Mayfield Pub. Co., 1993.

［52］H.W. JANSON, ANTHONY F. JANSON. History of Art［M］. Upper Saddle River: Prentice Hall, 1997.

［53］SHAOQIANG WANG. Installation art［M］. Berkeley: Gingko Press, 2010.

［54］MICHAEL PETRY. The Art of not making: The New Artist/ Artisan Relationship［M］. London: Thames & Hudson, 2011.

［55］DAAN ROOSEGAARDE. Installation Art Now［M］. Guangzhou: Sandu Publishing Co., Ltd., 2013.

［56］MICHAEL WILSON. How to Read Contemporary Art［M］. London: Thames & Hudson, 2013.

［57］SANDU PUBLISHING. Installation Art Now［M］. Guangzhou: Sandu Publishing, 2013.

［58］FRANCESCA BACC. Art and the senses［M］. Oxford: Oxford University Press, 2013.

［59］RITA GELBERT, WILLIAM MCCARTER. Living With Art［M］. New York: Alfred A. Kuopf. Inc.

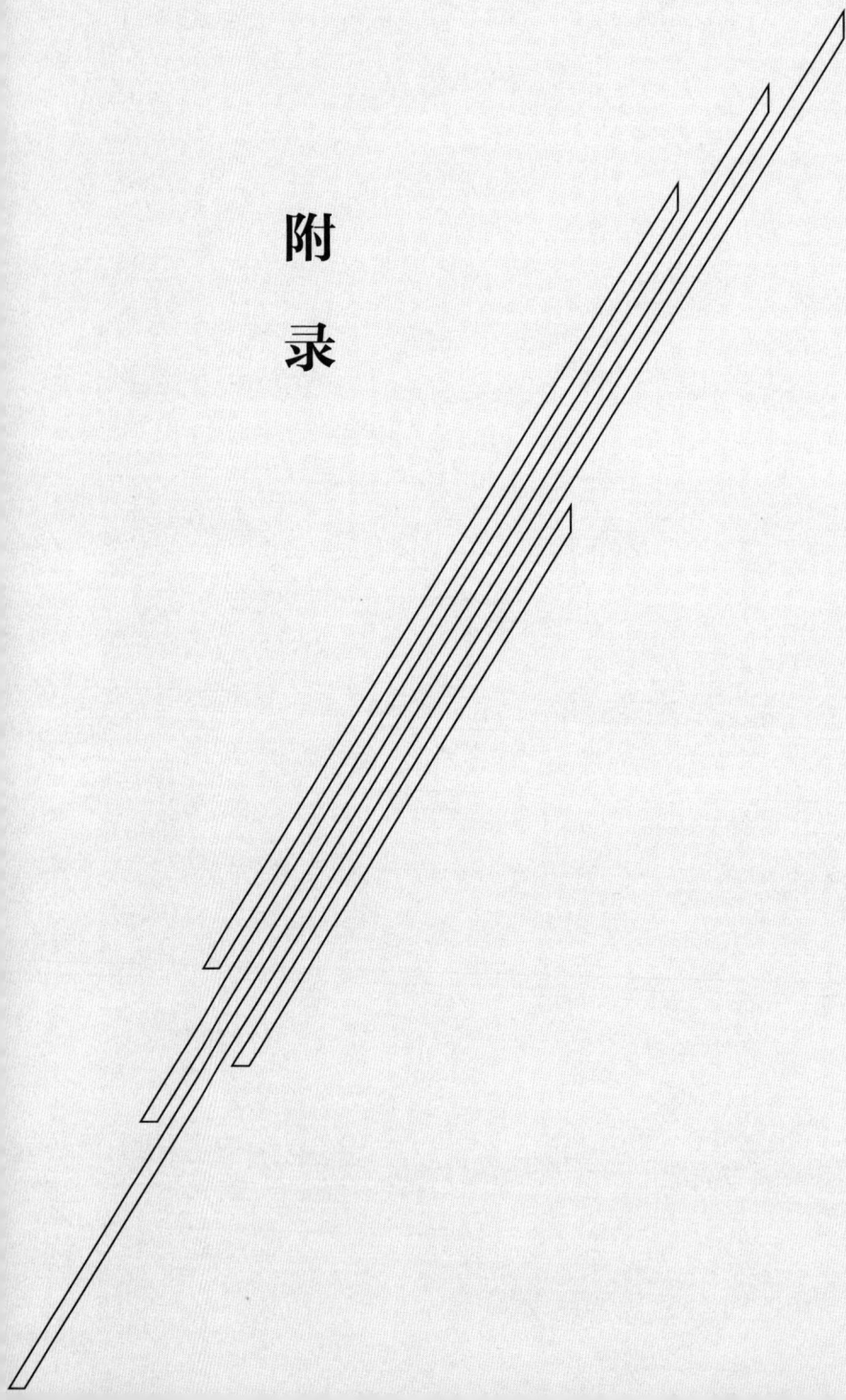

附

录

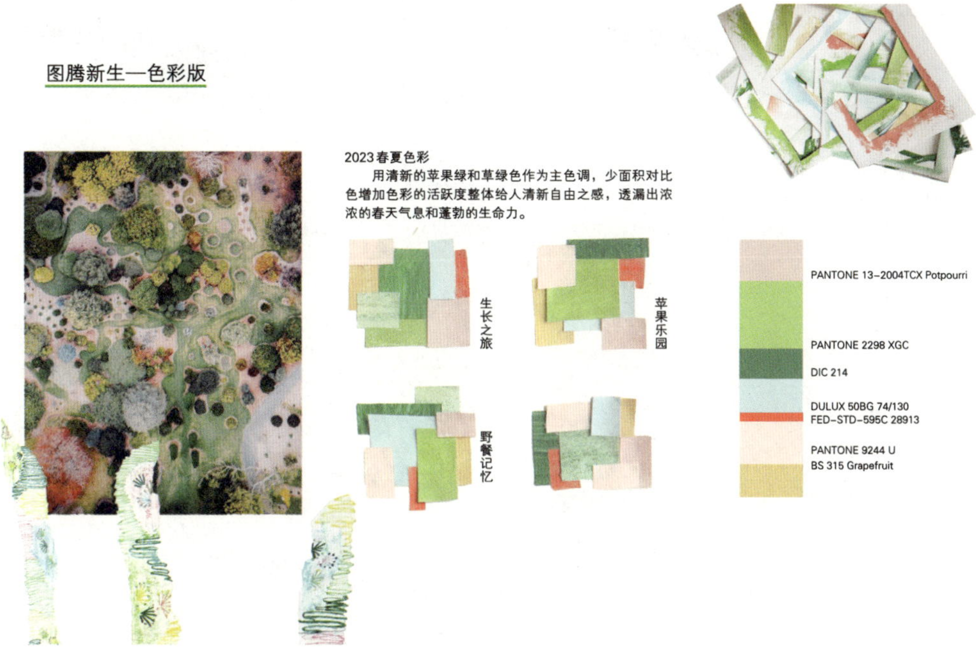
图腾新生—色彩版
2023春夏色彩
用清新的苹果绿和草绿色作为主色调，少面积对比色增加色彩的活跃度整体给人清新自由之感，透漏出浓浓的春天气息和蓬勃的生命力。
生长之旅
苹果乐园
野餐记忆
PANTONE 13-2004TCX Potpourri
PANTONE 2298 XGC
DIC 214
DULUX 50BG 74/130
FED-STD-595C 28913
PANTONE 9244 U
BS 315 Grapefruit

彩图1　图腾新生，闫佳昱，颜色版，2022年

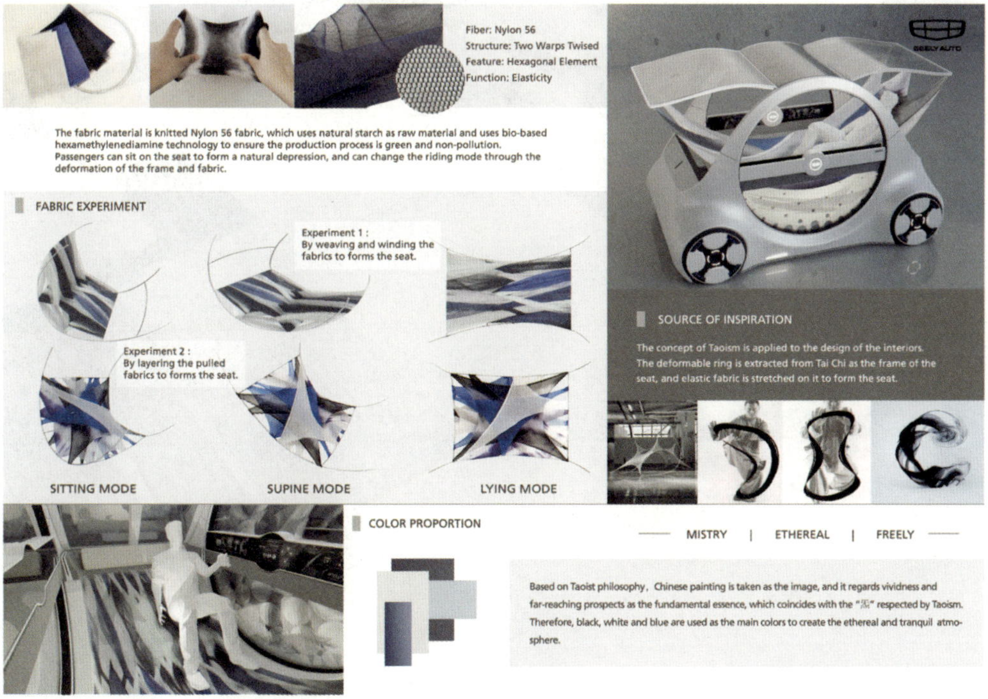
Fiber: Nylon 56
Structure: Two Warps Twised
Feature: Hexagonal Element
Function: Elasticity
The fabric material is knitted Nylon 56 fabric, which uses natural starch as raw material and uses bio-based hexamethylenediamine technology to ensure the production process is green and non-pollution. Passengers can sit on the seat to form a natural depression, and can change the riding mode through the deformation of the frame and fabric.
FABRIC EXPERIMENT
Experiment 1 : By weaving and winding the fabrics to forms the seat.
Experiment 2 : By layering the pulled fabrics to forms the seat.
SITTING MODE
SUPINE MODE
LYING MODE
SOURCE OF INSPIRATION
The concept of Taoism is applied to the design of the interiors. The deformable ring is extracted from Tai Chi as the frame of the seat, and elastic fabric is stretched on it to form the seat.
COLOR PROPORTION
MISTRY | ETHEREAL | FREELY
Based on Taoist philosophy, Chinese painting is taken as the image, and it regards vividness and far-reaching prospects as the fundamental essence, which coincides with the “” respected by Taoism. Therefore, black, white and blue are used as the main colors to create the ethereal and tranquil atmosphere.

彩图2　货机聚会，陈嘉琳、程晨、苏新宇，概念车设计方案CMF展示版，金属、尼龙面料，2022年

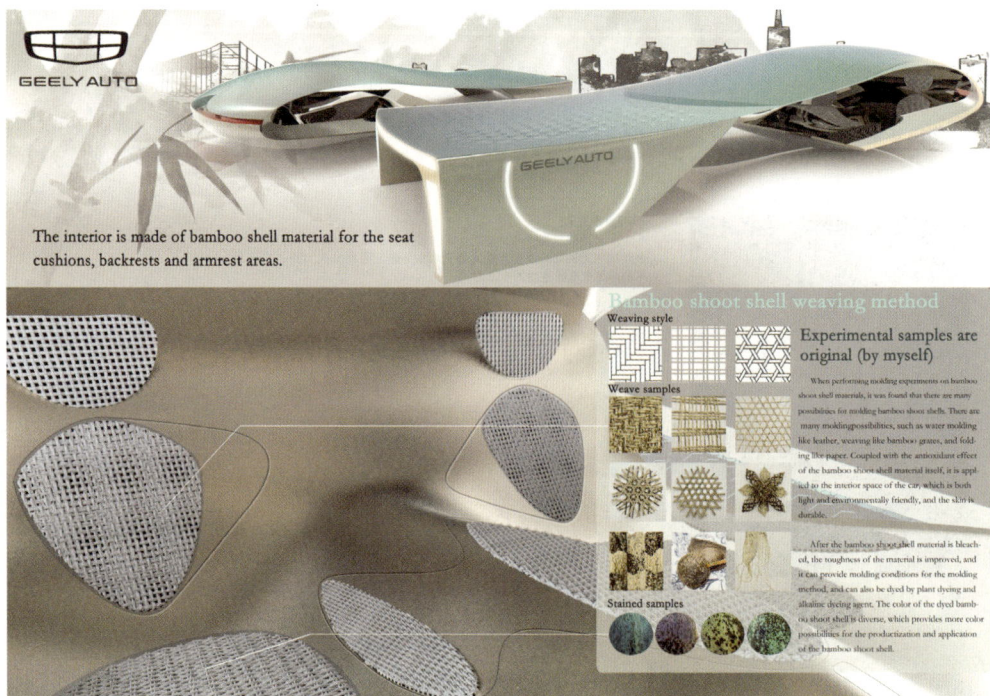

The interior is made of bamboo shell material for the seat cushions, backrests and armrest areas.

Bamboo shoot shell weaving method

Weaving style

Weave samples

Experimental samples are original (by myself)

When performing molding experiments on bamboo shoot shell materials, it was found that there are many possibilities for molding bamboo shoot shells. There are many molding possibilities, such as water molding like leather, weaving like bamboo grass, and folding like paper. Coupled with the antioxidant effect of the bamboo shoot shell material itself, it is applied to the interior space of the car, which is both light and environmentally friendly, and the skin is durable.

After the bamboo shoot shell material is bleached, the toughness of the material is improved, and it can provide molding conditions for the molding method, and can also be dyed by plant dyeing and alkaline dyeing agent. The color of the dyed bamboo shoot shell is diverse, which provides more color possibilities for the productization and application of the bamboo shoot shell.

Stained samples

彩图3　现代侠客，潘祺俐、黄罗以、杨雯麟，概念车设计方案CMF展示版，竹编工艺，笋壳，2022年

彩图4　沁，何双莉，CMF内饰设计材料版，仿皮、塑料、金属、涤纶纱线、混纺面料等，2021年

彩图5　异议，麦倬源，CMF内外饰设计，针织坑条、拼布，丝绒面料、树脂、金属、涤纶纱线等，2021年

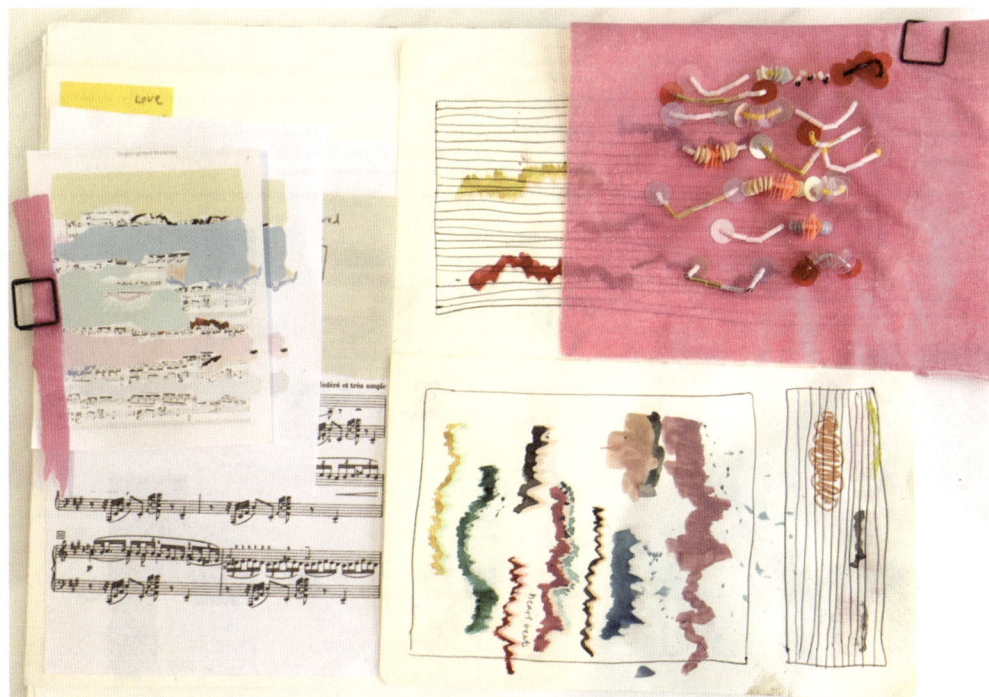

彩图6　松散固定的灵感收集发展簿，李佩琪

彩图7　多种媒介手法的观察绘画，姜怡秀

The Child of Desire

Inspiration

Inspired by Angela Cater's dark fairy tale "The Snow Child", which adapted from "Snow White". The colors and materials come from the images in the story.

Analysis

Midwinter — invincible, immaculate. The Count and his wife go riding, he on a grey mare and she on a black one, she wrapped in the glittering pelts of black foxes; and she wore high, black, shining boots with scarlet heels, and spurs. Fresh snow fell on snow already fallen; when it ceased, the whole world was white.

Main Image: Fox | Horse | White Snow |

Color：Black | White | Gray |

"I wish I had a girl as white as snow."
"I wish I had a girl as red as blood."
"I wish I had a girl as black as that bird's feathers."
As soon as he completed her description, there she stood, beside the road, white skin, red mouth, black hair and stark naked.

So the girl picks a rose; pricks her finger on the thorn; bleeds; screams; falls.

Then the girl began to melt. Soon there was nothing left of her but a feather a raven might have dropped; a blood stain, like the trace of a fox's kill on the snow;and the rose she had pulled off the bush.

Analysy: Feather Raven Bleed | Red　Black　White　The Desire of Sex and Violence | Dark and Dirdy | Lead to Death

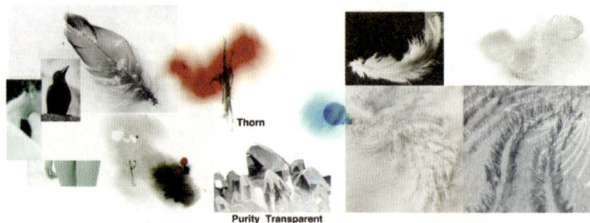

Thorn

Purity Transparent

Material

Fake Fur

Fake Horsehair

Resin

Final Color

彩图8　欲望之子，托雅，叙述法形成的主题氛围版，2019年

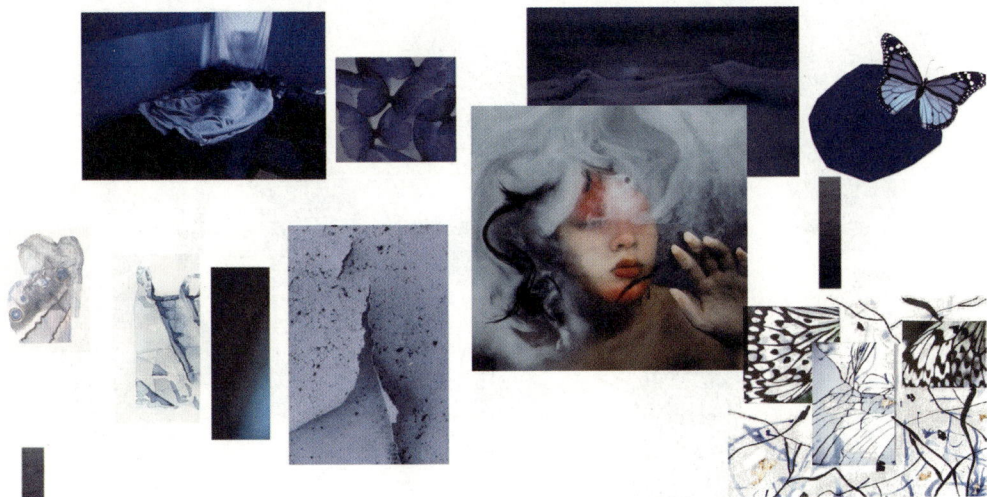

彩图9　化茧成蝶，吕梓萌，抽象法形成的主题氛围版，2022年

彩图10　颜色的设计发展，王睿

彩图 11　时尚纺织品设计中的设计发展，田园，2012 年

彩图 12　调色、配色训练，课堂练习

彩图13　色彩发展，张天爱

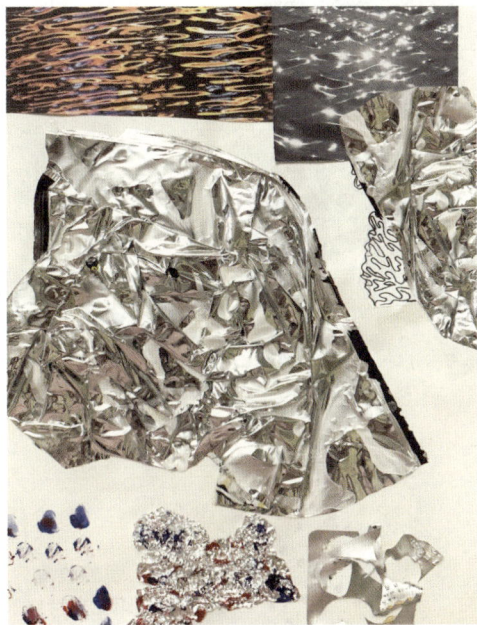

彩图14　表面肌理的调研及提取，田园

彩图15　表面纹理实验，田园

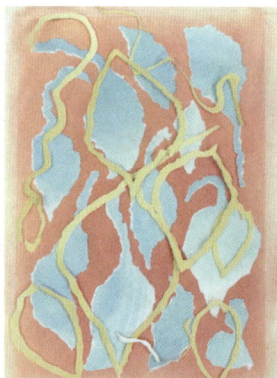

彩图16 图案形成实验，于依白，课堂练习，2019年

彩图17 植物园，黄颖，传统印花，Lino板、刻刀、丝网、油墨，2022年

彩图18 灵感收集发展簿与印花样片，彭睿，手工印染，2019年

彩图 19　图案背景调研及发展，课堂练习

彩图20　致青春，梁之茵，T恤图案设计，2017年

彩图21 环境色

红　橙　黄　绿　蓝　紫

彩图22 色相

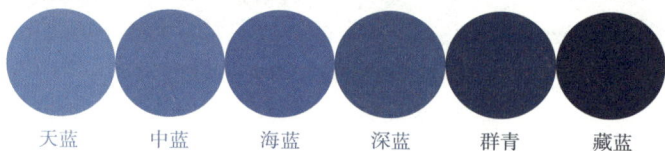

天蓝　中蓝　海蓝　深蓝　群青　藏蓝

彩图23 明度

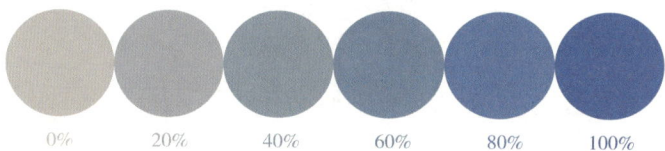

0%　20%　40%　60%　80%　100%

彩图24 纯度

彩图25 "酸甜苦辣"色相

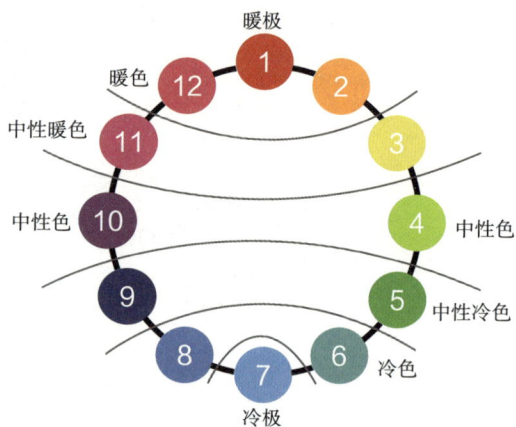

暖极
暖色
中性暖色
中性色
12　1　2
11　3
10　4 中性色
9　5 中性冷色
8　6 冷色
7 冷极

彩图26 色彩的冷暖感

彩图27　色彩的轻重感

彩图28　色彩的大小感

彩图29　色彩的远近感

彩图30　色彩的华丽感与质朴感

彩图31　色彩的庄重感和活泼感

彩图32　未来，色彩的提炼，刘格雨，2021年

彩图33　白鹭，单性同一调和，贾悦，2022年

彩图34　色彩的呼应

彩图35　色彩的层次

彩图36　方案三设计图

140 × 75　　　　　　　　150 × 150

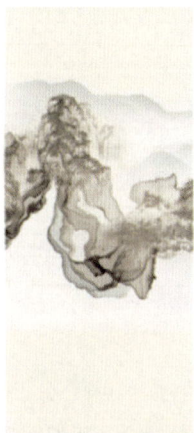  

125 × 50　　　　50 × 45　　　　120 × 75

彩图37　草图图案设计

彩图38　面料拼贴效果

彩图39　面料包边

彩图40　浮生一梦，梁之茵，纺织装置艺术，2018年

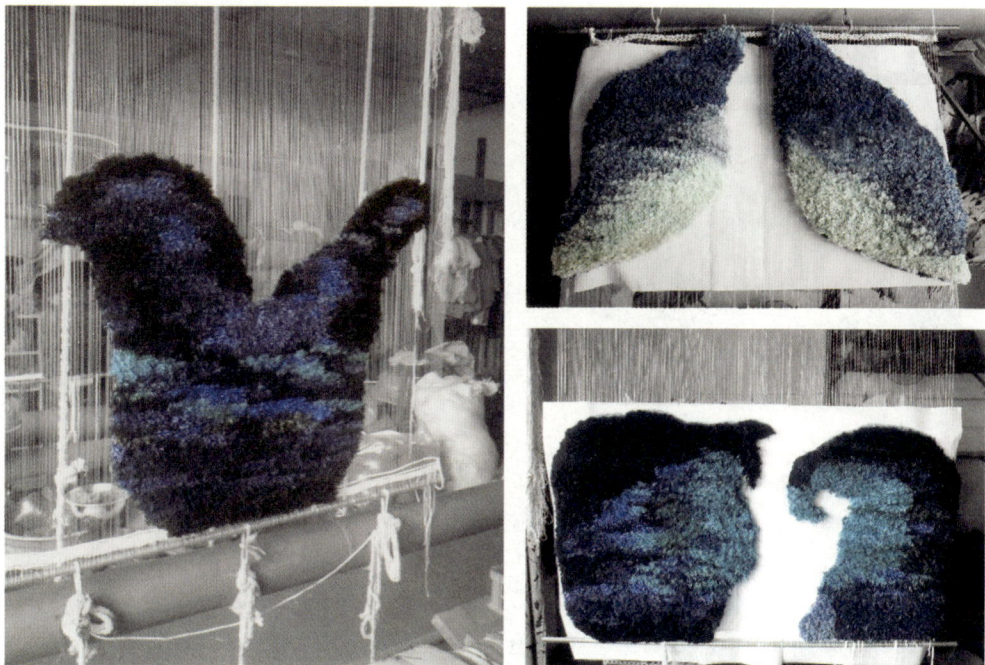

彩图41　修剪效果

彩图42　新生，梁之茵，纺织装置艺术，2015年